拎得起

奕方 著

中信出版集团 · 北京

图书在版编目（CIP）数据

拎得起 / 奕方著. -- 北京：中信出版社, 2017.8 (2017.9重印)
ISBN 978-7-5086-7475-9

Ⅰ. ①拎… Ⅱ. ①奕… Ⅲ. ①女性－成功心理－通俗读物 Ⅳ. ①B848.4-49

中国版本图书馆CIP数据核字(2017)第084072号

拎得起

著 者：奕 方
出版发行：中信出版集团股份有限公司
（北京市朝阳区惠新东街甲4号富盛大厦2座 邮编 100029）
承 印 者：北京尚唐印刷包装有限公司

开 本：880mm×1230mm 1/32 印 张：8.25 字 数：182千字
版 次：2017年8月第1版 印 次：2017年9月第3次印刷
广告经营许可证：京朝工商广字第8087号
书 号：ISBN 978-7-5086-7475-9
定 价：49.80元

做人最要紧是

姿态好看

目录 | Table of Contents

第二章 我的护肤哲学

第三章
我的时装哲学

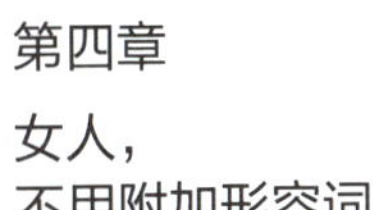

第四章 女人，不用附加形容词

第五章
不可辜负的每一天

推荐序 1

我该怎么称呼“不务正业”的她呢?

“给你介绍个特别棒的时尚作者好吗？她叫奕方，人在洛杉矶，做金融的。”

至今记得十几年前，好朋友介绍奕方给我的时候，我的第一感觉：好奇怪的名字，好奇怪的职业，好奇怪的“不务正业”。

我跟奕方认识的时候，我刚当《时尚 COSMO》主编不久。那时正处在时尚媒体行业的成长期，当时的时尚杂志只有《时尚 COSMO》等少数几本。作为主编，我发现好的时尚摄影师、化妆师、模特，特别是懂时尚而且文字好的时尚写手非常稀缺，于是求贤若渴地和奕方立刻建立了联系。

这一联系就是十几年，我和 Yvonne 也变成了无所不谈的好朋友，每每为一个时尚话题脑力激荡几个小时，越洋电话打到手机没电。Yvonne 对时尚的深度了解、思维的跳跃、看问题的独特角度，甚至噼里啪啦的飞快语速都让人聊到欲罢不能。她在《时尚 COSMO》谈论的话题也从时装评论延伸到美容、时尚专题，及至后来开了深受读者欢迎的时尚专栏《时尚生活 Life with COSMO》。这个专栏开了很多年，奕方专业、独特、有趣、活泼的文风让很多人追随她，追随杂志。而这十几年更是中国时尚传媒爆发式发展的黄金时期，奕方的文章经常出现在各类时尚大刊上，也成为时尚品牌所钟爱的时尚意见领袖。奕方依然继续着她自己的生活和金融事业，有所改变的是，她之前以客户身份获品牌邀请，后来则是以独立媒体人身份出入各大品牌活动、被品牌邀请看秀、参加媒体派对、开博客、开微信、做视频……住在洛杉矶的奕方却在中国时尚圈玩得风生水起，“不务正业”得很啊！

回顾十几年的交往，及至受她邀请给她这本书写序的时候，虽然当年第一次听到别人介绍她时“好奇怪”的感觉已经荡然无存，不过，面对奕方，我还是会有困惑：我该怎么称呼“不务正业”的她呢？时尚意见领袖？时尚达人？时尚博主？还是现在最流行的说法——时尚网红？哈哈，现在走个人品牌路线博出位的各路大神太多了，奕方跟他们有什么区别呢？

喜欢秀，但不只是秀

现在太多渴望跻身时尚圈的个人博主，除了见到新衣服会大叫“哇，美死了”，会装作很懂的样子给圈外粉丝们来个“购买指南”之外，就只会花所有的时间去宣传，花所有的钱去买买买，花所有的精力博街拍博眼球，至于对时装背景知识的了解、对衣服背后时代变迁的洞察、对时尚专业知识的积累……谁会关心？也许因为这个原因，奕方从来不认为自己是博主或网红吧。

大路朝天，各走一边。互联网时代，谁都可以做自己的选择。不过，我猜想，奕方应该更喜欢苏西·门克斯吧，人们记住她是因为她真实、犀利、专业且一针见血的时尚评论，而不是她头上永远顶着的大发卷。

嘴可以贱，但要贱得到位

时尚写手以毒舌见长，一味吹捧在时尚圈是招人鄙视的，因此敢于讲真，大胆评点，嬉笑怒骂，被时尚人夸为“嘴贱“(“贱”在时尚圈可不是个贬义词)。

奕方的时尚评论不以毒舌见长，但于文字流转间见锋芒，寓犀利于谈笑风生，不人云亦云，亦不剑拔弩张。

其实对于“嘴贱”，我俩还交换过意见：嘴贱没问题，难在贱得到位！

贱得一针见血！贱得专业！否则就跟泼妇骂街没什么两样了。

搞怪容易，唯风格永存

看奕方的时尚评论，就像看一个见识多、买的多、体会多，同时又细腻、敏感，能洞悉女性隐秘时尚需求的时尚闺蜜，信手拈来跟你分享多年来摸爬滚打悟出的时尚玄机：商务旅行怎么穿，一件小外套的秘密，我和我的唇膏……看似平淡无奇，但每一个都直指女人的时尚死穴。

做时尚主编十几年，我越发觉得穿着搞怪看似难实则容易，只要有敢作的心和强大的勇气就可以了，而把时尚美学出神入化地运用到日常的穿着，把基本款玩出花样、穿出精彩，才真正锻炼时尚人化腐朽为神奇的基本功。就像一个顶级大厨，最难的不是做鱼翅山珍，而是煮一道开水白菜，看似白水而醇厚甘美。平淡，绚烂之极也！

交往合作十几年，最难忘的是，那年我在纽约开完全球主编大会之后，去洛杉矶找奕方玩。两人各种逛，各种吃，厮混得不亦乐乎。而走的那一天，打开奕方书柜的那一刻我愣住了：里面是奕方积累的各种时装简报（那时互联网还没有这么发达）、图片、传记、草图……真不知道在美国金融圈异常忙碌的她是怎么花时间投入精力去做这些的。但也终于明白为什么奕方被中国时尚圈主编称为“最靠谱的作者”。

原来，这个世界上所谓奇怪的事，其实，从来都是再正常不过的事。

徐巍
时尚集团副总裁

推荐序 2

奕方的姿态

奕方曾经给我讲过一件有趣的事：几年前来北京出差，她穿了双红色的莫罗·伯拉尼克高跟鞋，乘坐从嘉里中心商场到办公楼的电动扶梯去开会，当时旁边的一个男人对她说，你的高跟鞋真好看。回答谢谢之后，两个人恰好也乘同一个电梯去了不同楼层。之后，开完会出来时，公司的前台告诉她，那位先生给她留了名片。

这很像偶像剧里的情节，尽管奕方没有让它继续发展，但是那位陌生男人的举动让人觉得有点可爱。这基本可以概括我和奕方合作时装专栏的一个共识：美好的穿着细节，不重大，却伴随着某些时刻，让它们超出日常。

第一次和奕方合作（那时我在《时尚 COSMOPOLITAN》杂志工作）的稿子是 2002 年 8 月的《情人的眼睛——Eyelets 米通花》。这种在白色薄棉面料上以米粒大小的镂空组合出花样的设计，其英文名字和中文译法我当时第一次得知，至今让我在脑中浮现这样的画面：夏天，女孩的长发和纯白轻柔棉质连衣裙在微风中轻轻飘动，她的肌肤透过镂空花样若隐若现。

类似的“潮流选题”，之后就成为我们的重点方向之一：2003 年她第一个在国内写了关于古着的概念；时装界流行东方风时，她用好莱坞电影《花鼓舞》和《苏丝黄的世界》解释了西方人眼中的东方意象。以当时时尚产业在中国的发展状况来说，奕方的背景让她有两个最重要的优势：海外生活使她更了解西方时装文化；对于很多潮流，她有“用户”感受。这些优势使我们合作的时装专栏有了这样一些特质：从文化和社会的角度来讲述一个时装潮流故事；她给读者可以借鉴的穿着经验。

也是 2002 年，奕方给我写了一篇关于超级模特的稿子，文章最后写道：“每一个时代都有其特定的模式，来自文化的变迁、社会的进步、经济的发展与政治的决策，继而影响人们的生活形态与审美观念。”这基本上成了她日后很多文章的核心。时尚是结合了时代与生活形态的产物，既是一门艺术，也是一桩生意，之后很多时尚产业的选题都由此而出。

比如说 2005 年欧元疯涨，专栏《太贵又如何？》里提出了一衣多穿、长期投资等理念，也就是后来的回归经典、“宁缺毋滥”。关于时装与电影产业的选题，她写了以几大品牌为重点元素的经典电影，第一次谈及服装设计在电影及时装领域的重要地位。而有趣的《旧情人旧火焰》讲的是，时装潮流从历史中寻找灵感、翻新，再赋予其新的意义。

2006 年《穿普拉达的女王》上映。奕方在文章中一个重要的观点是，这部电影会成功，因为它突破了原著中对时尚界的嘲讽和在职时的怨天尤人。观众从这部电影中看到了时装行业的浮华的同时，也看到了从业人员的努力与认真。其实每个行业都是有表面的虚荣与内在的扎实，这基本上成为后来时尚行业面对外界指责时的立足点。

从自己生活中经历过的小事、社会新闻以及热门电视、电影和书籍展开话题，这成为奕方把时尚选题变为与读者更为相关的话题的一个重要方法。她以小女人的口吻向她的女朋友们分享穿衣打扮的技巧、生活中的享受时刻、对于事件的思考，而不需要刻意用多么强大或者深刻的姿态。

作为一个女性专栏的作者，这也许更为重要。

奕方给我的感觉就是一个小女人。她娇小漂亮，每次出现在我面前，妆容、头发与穿着都精致却又自然，时装在她身上从来没有因为刻意而造成压迫感；

她说话声音清脆，再大的话题，她的声音也像小鸟一样轻盈悦耳。2005 年，专栏文章《右手钻戒 Me，Myself and I》被我临时改造成为专题，鼓励女性打破对钻戒的被动等待，要先爱自己，完善自己，这也许是最为女权的一篇文章了吧，而你看，她讨论的也不过是手指上的钻戒。

关于姿态，奕方写过一篇文章。那还是我们合作专栏之初，她还记得我的评价是“写得很顺了”。那时《欲望都市》刚刚播出一集，女主角凯莉客串走 T 台，美艳夺人，谁知一踏出去就“啪”地跌倒，但还是站起来勇敢走完。这篇文章随后谈到真实 T 台上超模面对突发状况时临危不乱的大将风范，最后说了那一季古驰高跟鞋高到模特一路跌三次的惨况，质疑高跟鞋是不是太高。

“潮流缺陷叫时髦女们如履薄冰，那么除了脚踏实地备足功课，更重要的是，跌倒后的应变姿态。人生路上，无论多么小心翼翼，总有突如其来的不测风云，是忸怩羞惭得要找地洞钻，还是勇敢面对，同是否拥有上万美金华服、几十卡玫瑰钻饰、名家打理的发型妆容、喷火名模身材无关。面对突发事件时处变不惊沉着应战的冷静姿态，将赢得无数掌声。”

那篇文章最后的这段话，十分奕方，而我把这段节选出来，更是因为我觉得对于一个喜欢美好的小女人，这种姿态真的不错。

李宝剑
《ELLEMEN 睿士》编辑总监

推荐序 3

她是 Yvonne，也是奕方

“她是 Yvonne，也是奕方”。上个月，我圈内最好的朋友 Yvonne 让我为她的新书作序时，不知道怎么回事，脑子里蹦出来的第一句话就是这个，也许是常常看她的微信，已经被这句个人介绍洗脑了吧！不过“Yvonne”和“奕方”，一西一中，同样被人熟知的名字，倒是很说明她自己的状态：生于上海，后来去了美国，中国的传统文化交织在西式的时尚阅历中，这让奕方写出来的东西总是有一点与众不同。如果你也经常看她的文字，你就会发现，这种“与众不同”是一种从容，一种淡然，不是急着说服你，而是在与你分享她的心情与想法，娓娓道来，不疾不徐。

我和奕方认识多久了？十四年还是十五年？她从我的撰稿人开始，逐渐成为我的朋友、姐妹，甚至我女儿的美国干妈。神奇的是，我感觉这些年里我自己的变化很大，而她似乎一直生活在时间之外——依然在贝弗利山庄过着优哉的小日子，养养宠物种种花，跑跑活动看看秀，买买衣服试试鞋，闲暇时候通过微信跟我聊一下业界的八卦（我经常感觉奇怪：她分明住在地球的另一边，凭什么八卦的速度比我还快啊！），还时不时更新一篇微信文章来分享一下最近的所见所想所得。可是，人家分明是属于金融圈的人哪，正经工作是精品界企业并购总监，自己还开着一家公司呢！所以，有一次我忍不住问她：“Y 姐姐你的时间流速跟我们不一样吗？为什么你可以做那么多事情？”她后来根据我的问题写了一篇文章，就叫《时间，换取空间》，如果你想知道这个问题的答案，不妨赶紧去翻一下吧！

奕方有一只猫，名叫 MeowMeow，这只猫是几年前溜达到她家院子里的野猫，结果就被收编过上了幸福的小日子，也成为她自拍照片中一个经常出现的活道具。总觉得奕方跟 MeowMeow 挺像的，又爱享受又特别精。

几次去洛杉矶出差，必由奕方拉着我去四处吃喝加买买买，她会带我去好莱坞明星最爱去的餐厅吃早午餐，然后去大牌衣服最多的二手店看好货。她对于各大品牌的发展史如数家珍，也能选出牌子中最值得购买的那些单品，而且还能说出这个产品在这里的价格跟其他城市相比相差多少……

通常时尚圈的作者是写美容的写不了时装，写时装的写不好美容，而奕方多少年来都是什么都写，甚至连电影、美食、书籍都林林总总写了不少，还都挺好看。我想，这是因为她接触优质生活方式比我们要早得多（毕竟成长背景不一样），更重要的原因是，她始终对于身边的美好的东西抱有好奇之心，这种好奇之心是我们媒体人最重要的支撑力，也是所有创意的原动力。足够的阅历加上对于新话题的洞察力，奕方写的东西看起来总是有理有据，不会过于扫兴也不会过于煽情。而最重要的（也是我最欣赏的一点）是她从来不强推自己的理念，只是和你平心静气地分享自己的感受，而不是像某些意见领袖那样推着你去“改改改”或者“买买买”。毕竟，甘苦自知，别人的生活你可以借鉴，但无法复制，对不对？

就是这么个奕方，总算是出书了，她的精明、她的豁达，你们都可以在书中细细体会。我们总说，什么样的作者就招来什么样的读者，我想，买下此书的你肯定也是她这样的“人精”，没错吧？

张骞文

《VOGUE 服饰与美容》美容总监

自序

我们从不相互牵绊，我们愿意彼此牵挂

小时候，常耳闻长辈们用“拎得起，放得下”来疏解自己宽慰他人。那时的我，还没经历悲欢离合，也意识不到人生有得有失，只希望未来无论顺境逆境，都能拥有这种淡然从容的姿态。尽管尚未懂得该拎起什么又该如何放下，最起码待人接物总归要做到姿态好看。

我第一次真正面对“拎得起，放得下”，是初中时跟随家人移民美国。14 岁那年的夏天，我离开了出生地上海，辞别呵护我长大的外公外婆和老保姆，搬到洛杉矶与父母团聚。我果然是拎得起又放得下，一边欢天喜地地答应会乖乖听话，一边人小鬼大地以“外公外婆明年一定来看我”作为交换条件。妈妈感叹：“这样会谈条件，以后是要去联合国调解两伊矛盾吗？”

开学后，我把所有的热情都用在熟悉新生活、结交新朋友上。我从来没想过要与上海的童年玩伴断了音讯。相反地，我把自己的日常生活写在给她们的信里。长辈们不能理解，究竟有什么重大事件可以每个月写满两大页纸？后来发现内容不外乎是：昨天中午学校午餐口味不佳，今天跟女同学约好一起涂荧光粉指甲油（特别用红笔注明：荧光指甲务必要涂透明底才不显俗气），明天学校要交的读书汇报需要画成海报，为买一条脚踝有拉链的窄腿牛仔裤而努力存钱，生物期末考试依然让我如临大敌……爸爸审阅后爽快地说：“你一封封抄太费时，周末跟我去公司复印吧。”大概在长辈们心目中，我没有放弃中文，依然能说会写，曾外祖母见了总是欢喜的。

来自上海的回信里，是童年玩伴多彩的校园生活和对未来的憧憬。仿佛我也未曾走远，这座城市继续陪伴着我们共同成长。

选择在哪一座城市居住，只是地理上的概念，说到底，是人与人之间的故事，让城市充满魅力，飘荡着温柔的生活气息。

外婆总说，我们这几个从小一起长大的好朋友很长情。我们也在各自的轨道上，走出了自己想要的人生。我们从不相互牵绊，我们愿意彼此牵挂。

“一切都想要”的时代

我喜欢波澜壮阔，也喜欢万无一失。

我把我大部分的热爱和好奇心，倾注在关注生活中最真实的美好片刻、探索未知的有趣的人事物。其他方面，我是理性的、低调的。这勉强算是“平衡”吧。（本书中的《时间，换取空间》，是我的心声。）

我按部就班地申请大学、选专业，继而进入研究所，开始工作、恋爱、旅行。当然，无论多么小心翼翼，依然会遇到挫折、意外、别离。需要学会“拎得起、放得下”的片刻接踵而至。我渐渐学会按照情况的轻重缓急，做出取舍；学会掂量自己的承受能力，调整应对的步伐；明白唯有心安心定，才能踏上自己的顶峰，享受自己的风光。我也常提醒自己，既然免不了走弯路，更要穿双舒适又美观的好鞋。（本书中的《说鞋》，有我一路走来的脚印。）

其实，从容地放下，不算太难。最难的，是放下后还需做好随时“拎得起”的准备。那些看似毫不费力的锦囊妙计，其实都是千锤百炼后的经验梳理。（本书中篇幅最大的护肤部分，与你分享了我的经验。）

我们常说“人生，是一场旅行”，教科书大多教我们不要负重前行，听起来很潇洒，是吗？但是出了意外，教科书不需要负责。不瞒你说，我不是一个轻装上路的人。即便我喜欢的作家亦舒曾经说过：“两只手拎得起的，才是真正属于自己的人生。”但我不想把日子过得这么算计。时代如此进步，机场托运、酒店接送，这些花钱可以买到的服务，安全又方便，也是我努力工作的动力。我也想给自己面对突发事件时多留一点余地，所以我短程旅行的标配，通常是一个登机箱加一个托运箱。登机箱里，有足够的装备，即使航班延误 48 小时，也不耽误工作和晚宴安排。托运箱里的后备物资，足以应对各种天气变化和无聊时光。如果我真有什么处变不惊沉着应战的冷静姿态，无非是因为考虑得周全一些，备案多一些。未必能避免意外，至少不会给自己添乱。

有时候，我这种凡事想备案的思维方式，也会闹笑话。

记得某年香奈儿可可香水在意大利威尼斯举行全球发布会，国内各大美容总监都聚在一起。晚宴上聊起一道心理测验。问题大致是：如何同时带着鸟、蛇、猴子和背包这四样进行长途旅行。大家陆续说了很多稀奇古怪的方法，比如假定鸟认路会自己飞，猴子会跟着人走，那么蛇就围在人的脖子上，人背包；也可以把蛇放在背包里冬眠，鸟放飞，人牵着猴子走；也有人考虑训练鸟叼着蛇，让猴子背着包，再用绳子牵着鸟，人监督它们三个保持队形不要迷路……脑海里闪过一幅幅杂技团驯兽营长途跋涉的画面。大家聊得兴致勃勃，我觉得匪夷所思。

等问到我这里的时候，我的第一反应是：“提早申请办理动物托运啊。”全场鸦雀无声，我赶紧接着说：“如果托运不行，可以问问联邦快递有没有类似服务。”大家愣了几秒后，哄堂大笑，纷纷指出我的回答不符合题目要求。题目的默认前提是不使用交通工具。原来“鸟”代表孩子，“蛇”代表金钱，

“猴子”代表另一半，“背包”代表家庭责任。

这个心理测验，显然预设了当下是“一切都想要”的时代：家庭工作两不误；欣然承担责任，继续寻欢作乐；放下或拎着，都请自便。负重前行也好，轻装上路也罢，都是各人的生活方式。

真相与未知，一起前行

这 20 年来，我在时尚杂志和自媒体平台上分享日常生活和风格，尝试与大家聊聊物质背后的典故趣事和生活感悟。

《拎得起》一书中，除了有生活日常、时装美容、女人心思，还记录了我的童年往事和时光推移也难以磨灭的美好回忆。

我始终相信，人生旅程中，有很多需要自己承担的“拎得起”时刻。但“拎得起”靠的不只是自己的双手，更需要清醒的头脑、妥善安排自己的心思、照顾他人的善意，还有一路上结下的良缘和许多人的援手。

1998 年夏天，童年好友远嫁悉尼，我到上海为她送行。我俩走在街头，在小店里一人买了一件同款不同色的碎花布裙，我答应等她安顿好，我就休年假到悉尼找她吃喝玩乐。与以往暑假我从洛杉矶带回一摞摞欧美少女杂志不同的是，这次她即将出国，我们在季风书店一起翻看国内的时尚类刊物。这是我离开中国后，第一次发现，原来国内正敞开怀抱手忙脚乱地迎接西方时髦潮流。相较欧美杂志一味盯着谁穿了什么，国内市场对时装背后的来龙去脉和真相底细更感兴趣，并且极其缺乏从“用户”角度出发的最真实的一手感受。

我知道当年的自己，并不具备中文写作的资格。但是，我还是写了。心平气和、按部就班、兴趣盎然地写了。

聊聊我喜欢的街区发展史，有意思的小店铺老字号，好听的音乐，好看的热门影集，有趣的书籍；分享一些购物心得和美妆小技巧；偶尔也透露一点精品业的经济形势。从两三百字的扼要简述，到一篇又一篇的千字长文；从需要请编辑帮我把拼音改成正确的中文字、梳理标点符号，到被鼓励“写得很顺了”，再到被表扬“Yvonne 就是品质保证”；这一路的进步让我心花怒放。

我很幸运，在中国时尚产业开始蓬勃之际，遇到欣赏我的编辑，重视我的优势，弥补我的不足。我们的合作基于一个共识：时尚，不是独立存在的个体。于是，我从自己最熟悉的西方流行文化和社会进程的角度，讲述着时装潮流的真相。我也明确知道，时尚是结合时代与生活形态的产物，是一门好看的艺术，也是一桩赚钱的生意。所以，我从自己最熟悉的精品业入手，写了不少时尚产业的故事。

我未曾想过要坚持多少年，也没想过是不是会一直写下去。就这么不知不觉地，写了近 20 年，没有间断。

我依然很爱平面杂志，并且对社交媒体饶有兴趣。我也喜欢尝试视频、音频，对未知的新兴媒体都充满了好奇。每一个载体，都有它的美妙之处。身处这个大时代，真相总是伴着未知，一起前行。

这本《拎得起》的出版，感谢朋友们的促成。

感谢中信出版社副总编、文艺社主编李静媛女士取的书名《拎得起》，编辑陈小芬女士费心处理千头万绪。感谢即刻视频王留全先生促成这次合作，并特地为此拍摄十集视频《奕方的上海时光》。感谢好友卞亦奇女士全程不离不弃，以及即刻编辑傅愈耐心协助。

感谢一起共同成长的《COSMOPOLITAN 时尚》全体编辑，特别是

COSMO 前主编、现任时尚集团副总裁徐巍女士。谢谢你当初的“求贤若渴”，邀请我在 COSMO 上开设 Life with COSMO 时尚生活每月专栏，没想到一写就是整整十个年头。我们两个常常为一个个时尚话题打越洋电话，手机没电换座机，非得讨论出最独家的 COSMO 视角才肯罢休。更感谢你在百忙之中，毫不犹豫地答应帮我的新书写序。当你告诉我“会写得特别不正”的时候，我好激动。也感谢 COSMO 现任主编刘阅微小姐，谢谢 COSMO 美容总监黄婷，别看你身材娇小，每年撑起“美容大奖”的你是那么强大。

特别感谢时尚集团苏芒总裁和刘江董事长。我们三人相识于《HARPER’S BAZAAR 时尚芭莎》创刊初期，那时它还在中粮大厦。我记得苏姐姐亲笔把我的版面画出来，亲自为每一个标题斟词酌句，还说“Yvonne，我把手机、专线、家里电话、传真，所有号码通通写给你”。感谢《时尚芭莎》主编沙小荔小姐、时装总监卫甜，期待我们再次合作“高难度”的采访。同时感谢《芭莎珠宝》主编敬静，也祝一切平安。

特别感谢《ELLE 世界时装之苑》首席执行官兼主编晓雪女士，也祝“乐妈”高瞻远瞩步步高升。

特别感谢《ELLEMEN 睿士》主编总监李宝剑先生，我们的“革命情感”一本书都写不完。谢谢你的序，好像瞬间打开了记忆暗匣。为了继续我们的“革命情感”，我决定要开始写男装系列故事。欢迎约稿（哈哈，怕了吧）。

特别感谢《VOGUE 服饰与美容》编辑总监张宇女士。谢谢你对我的信任，以高规格的团队配合我完成一个又一个引以为傲的收藏家专辑。我们两个聊起天来，天南地北，常常聊得忘记时间。针对 90 后的 *VOGUE ME*、以电影为主体的 *VOGUE FILM* 也逐步问世，我在这里祝 VOGUE CHINA 家族继续扩张，越来越朝气蓬勃。还要特别感谢美容总监张骞文小姐，我们的“革命情感”从 *COSMO* 到 *VOGUE*，恐怕一本书都写不完。谢谢你的序，好温暖好亲切。你一定要好好照顾自己，祝一切平安。

特别感谢《GRAZIA 红秀》杂志董事总经理兼编辑总监孙哲先生，我的时尚生活专栏曾经跟在你的下一页，如今很荣幸能每月继续贡献美容专栏。也感谢执行副主编兼美容总监孙莉小姐的邀请，资深美容编辑金纬每个月按时按点地追稿（必要时，“啪”一盆冷水）。

特别感谢女星邬君梅女士，感谢你为这本书写了推荐语，鼓励我、肯定我、信任我。你的那句“女人在限定的情境下，把平凡的日子过到最好最顺，是很大的能力”，也是我的心声。

特别感谢超模陈碧舸、美容专家牛尔老师的热情推荐。

感谢曹红、张咏梅、赵滨、陈健、顾晨曦、万莉、江伊岚、Pattie、Tiffany、Phoebe、Stephanie、Rita、Michael 以及独一无二的 Jack。还有许许多多，一路走来支持我鼓励我的读者们、亲人们。

有一群思想接近、谈得来的自己人，一起交流一起相处，把最平凡的日常生活过得有质感，无疑是很美好很幸福的事。

本书献给每一位热爱生活的你。

奕方
2017 年 7 月

第一章

我的生活哲学

人生，是一场旅行

好莱坞女星格温妮丝·帕特洛十岁时，全家外出度假。期间她的导演爸爸布鲁斯·帕特洛，撇下妈妈与弟弟，带她一人畅游巴黎，对她说："长大后，你会恋爱，与男友到巴黎旅行，可是，失恋也在所难免。所幸，第一个带你去巴黎的男人，无条件地永远爱你。这个城市，在你心中，将永远美丽。"

多么动人的父女情。人生，是一场旅行。不管终点在何方，起点总会烙下最深的印迹。不管路途多遥远，我们总会回家。

我的旅程，从一只路易威登古董旅行箱开始。没有人说得清它为什么会属于我，只知道它是 20 世纪 40 年代跟着外公从英国归来的行李之一。待我第一眼见到时，它已经面目全非。事实上为了躲避 60 年代那场"破四旧"的劫难，家里许多印有外国文字、看起来像洋货的东西都涂上深漆才得以保存。我 9 个月起跟随外公外婆长大，它就一直陪伴在我的床边，小时候最爱抠着那些漆，甜甜睡去。直到 80 年代，它跟着我移居美国，继续扮演着床头柜的角色。每次煲起电话粥，就会继续折磨漆皮，渐渐地，它越发显现岁月的斑驳，也仿佛记录了我前半生的秘密。

我曾经参观路易威登艺术时空之旅展览，细数 160 多年来最重量级的宝藏。私人定制的箱子，总让我浮想联翩，是什么样的人、什么样的生活，需要把活动书桌、露营躺椅、海底装备、活动衣柜、梳洗用具收纳在箱子里伴随主人走遍海角天涯。这不但表现了工匠的精湛技艺，更考验拥有者的想象力。

也曾在时装展期间，访问彩妆大师帕特·麦克戈拉斯。每逢纽约、伦敦、米兰、巴黎周，她出门在外一个半月，随身有 9 大件行李，活动书柜由 5 只

大箱组成，装满各类化妆艺术天书，另外 3 只大箱俨然是化妆品总汇，阵仗大得吓死人。她笑言："都是自己的饭碗家当。"最后一站抵达巴黎时，相熟的海关人员总会在远处对她笑着大嚷："女皇驾到！"

女作家亦舒曾说，两只手拎得起的，才是真正属于自己的人生。我尝试过，但不想把日子过得这么算计。时代这么进步，机场托运、酒店接送，这些花钱可以买到的便捷服务，理应享受，这也是自己努力工作的动力。更何况，出门在外，宁可多带一点让自己舒服安全的随身物，考虑得周全一些，未必能避免意外，至少别给自己添乱。

刚开始工作时，出差频繁。多亏了日默瓦旅行箱，超轻、坚固、美观，怎么塞都好像还有空间，托运时很耐摔。也正因为如此，听说它备受所携器材又贵又重的摄影师和购物狂的偏爱，亦成为“最容易被偷”的行李箱。现在，我只用一只粉玫瑰色的日默瓦随身登机箱，小巧精致。

论卓越设计，毫无疑问首推布雷格雷利，单就“无条件终身保修”就知道它有多过硬，是低调殷实的男士们会佩服信赖的旅行箱。我有阵子爱上英国百年老牌漫游家，箱体坚韧轻薄，设计有个性，方方正正的扣带、锁匙，有旧时人的旅行之美。但是“9·11”以后，各地机场安检严格又复杂，越来越觉得当时那些两轮设计旅行箱实在配不上“周游世界”的名号，于是把整套叠在偏厅一角当花架。

近年陪伴我的是深红镶米白色人字纹的新秀丽黑标旅行箱。它只出过短短的两三季，随后就因成本太高宣告停产。无论是托运箱还是登机箱，都是4轮拉杆，外观与内衬配色和谐，分隔侧袋、各类附属尘套、密码锁钮，还有一只圆形的手提包可套架在登机箱上，兼顾怀旧情怀以及现代旅行的方便。它配备了考究的托运外套，多年来旅途中的正常磨损痕迹所形成的褪色与沉淀，并未污损它的外观。虽然我依然办不到两只手拎起人生，收拾行李出门却因此不再有匆忙感。我想，这就是一套优质行李箱的魅力吧。

酬谢礼的艺术

十多年前，友人知道我写时尚专栏的时候，曾调侃，在我插着百乐蓝色墨水笔与 #2 铅笔的笔筒里，唯一看起来“很时尚又有大作家”气派的，是那把缀着一粒御木本粉红色珍珠的拆信刀。那是我外公八十大寿时，送给至亲来宾的酬谢礼。寓意为“人生什么事都可以迎刃而解”，也是外公的人生哲学。那粒珍珠有个活扣，可以拆卸。当晚收到礼物的一些女客，后来把它改成一枚项链吊坠。有位嫁得早的好友，隔年生了个漂亮女儿，不久离婚成了单亲妈妈。于是她将珍珠镶成一枚戒指戴在尾指上，说是给孩子添福添寿避邪趋魔。之后，在她女儿十岁时转赠为生日礼物。她女儿一直把那枚珍珠指环，像护身符一样地当项链戴着。

这类有纪念意义的派对小礼物，即“酬宾礼”或“酬谢礼”。我相信，最初的起因是主人家出于诚意，希望来宾会真心喜欢，共同分享欢乐，并珍惜相识的情谊。只可惜，后来流于形式穷于应付，演变成“主人家必须准备，客人不得不拿”的小玩意儿。渐渐地，圣诞岁末在亲友同事间的送礼，也沦为这一类敷衍，丧失了“酬谢”的意义。

就某种心思而言，送什么礼，是送礼者对自身生活满意程度的表现。不过，为了避免流露炫耀之嫌，许多坊间礼仪书会很含蓄地建议体贴、低调、公平地处理。但这种顾全大局的社交智慧，并非一夜天成。于是，如何恰到好处地准备一份人人都渴望得到的“酬谢礼”，就成了送礼的艺术之一。

私底下总觉得，既然称之“礼物”，本身必须带些脱离现实的梦幻情感。礼物，也得有一定程度的实用性，才不会被忽略被遗忘。通常，那是一个很

渴望得到（但不会特意去买）、渴望别人送（虽然自己也买得起）、用得到（但不一定会日常使用）的品牌或者款式，日常舍得用，也很愿意留在特别的时候与特别的人分享。

我发现，在各种地方兜兜转转，自以为替每个人选择一份专属的礼物，到头来往往吃力不讨好。因为一旦有比较，难免会出现“别人的比我好、别人的比我贵”的心理。常年获大企业指定为官方礼物的精品名牌，一向深谙此道，出品一些体面大方、礼数周到、不炫耀、价格颇合理的款式。比如蒂芙尼光身水晶杯、拉尔夫·劳伦银质镜框和居家芳香系列、御木本镶小粒珍珠的文具、昆庭小件银盘、韦奇伍德野草莓瓷碟。

每次我送出 30 美金一对的蒂芙尼 O 形平底无脚酒杯，总是无往不利。尤其是女郎见到系着白色缎带的天蓝色盒子时，那种还没打开就已经瞳孔放大“哇”声连连的雀跃，是十分奇妙又迷人的柯达一刻，也不得不佩服蒂芙尼浪漫形象之深入人心。送给乔迁新居的朋友或新婚夫妇，最适合拉尔夫·劳伦丝缎绲边的银质镜框。这个品牌多年刻画的美好生活气氛，是我最虔诚的祝福，也希望就此永远定格。

与其说什么“宠爱自己”“对自己好一点”之类在旁人听来是提倡游手好闲的享乐主义的话，还不如真切地送一份护手护甲护肤美容的水疗服务套餐，彻底把“呵护”培养成一种自身的习惯。以葡萄多酚为核心的法国品牌欧缇丽（中国昵称“大葡萄”）在洛杉矶的护肤中心位于威尼斯海滩的 Abbot Kinney 大道上，离海边不远，那儿是最近几年特别时髦的街区。凯诗薇梅尔罗斯美容中心坐落在好莱坞西区，小小古堡里有明净洞天，常常有好莱坞明星光顾。我尤其喜欢请远道而来过圣诞跨年的亲友们前往，他们巧遇明星时的兴奋神态，一如孩童。虽然一套凯诗薇品牌家用保养礼盒，也有不错效果，并且更加方便实用，但去那儿水疗可以跳脱日常生活的环境，千金难买。

上一次，亲吻

美国巧克力品牌好时有一款广为人知的小小圆锥形巧克力糖果，用锡纸包裹，尖段露出一截刨花纸，上面写着一个旖旎的名字“KISSES”[①]，居然还是注册商标，至今已生产一百多年。据说，是因为在制作过程中，机器释放巧克力浓酱，滴落滚盘时，会发出“啾——啵”的声音，像极了“亲吻”的声音，因此得名。

每一个美国孩童，几乎都曾经用好时之吻巧克力来表白心意。男孩会调皮地跑到心爱的女孩面前，突然塞给她一枚好时之吻。女孩也会悄悄放一枚在心爱的男孩的储物柜里，在那截刨花纸上留下她的芳名缩写。一切是纯真的、腼腆的、甜蜜的。

如今，我们习惯时髦地在信尾签名前写下“X.O.X.O.”（意思是拥抱和亲吻，也顺便解释清楚，X 代表亲吻，O 才是拥抱）；见面虚空地拥抱，左右各碰一下面颊，歪着嘴发出“啵啵”声；在社交媒体上发各种亲吻图案公开调戏。

当我们以为情感收放自如到可以大方吻遍所有人，你是否还记得上一次真正地接吻？那种坠入爱河的悸动，嘴唇欲诉还休的触碰，牙齿轻咬酥软的上下唇，舌尖接触时令人发麻的电流蔓延至神经末梢，天旋地转绯红双颊的深吻。或许，在约会中的所有甜蜜细节里，你最回味的，是孩提时代两小无猜的“摩鼻子”。英文称之为因纽特人之吻，因为他们生活的地方天寒地冻，不只是呵气成霜，接吻甚至会结冰，于是人们鼻子对着鼻子摩擦表达爱意。那种宠溺与温柔，浅浅地种在心底，一辈子萌芽。

接吻，不需要很多的铺垫，但是也不会突然发生。是否有技巧？那是当

---

① 此处指好时品牌旗下 KISSES 巧克力系列，中文名为好时之吻。——编者注

然。美容达人会说要保持口气清新、抹润唇膏柔软双唇；爱情专家会告诉你调情不得粗枝大叶；美食家会教你15分钟煮一顿烛光晚餐；艺术家和音乐家把辞藻与音符堆砌得如云里雾里；性爱教主算计出角度方位就差摆下桃花八卦阵……可是，时间流逝，你是否还会记得？

你会记得初吻，因为那是第一次，再不可能有“之前”。你往往不会记得上一次接吻，虽然英文很奇妙地称之为“The Last Kiss”，但当下亲吻时你不觉得那会是最后一次，因为当习惯成自然总以为还有下一次，于是就不存在上一次是最后一次①。

事实上，爱情的如漆似胶，是每一个吻的交叠，任何一个的淡忘，都是遗憾。

曾经深爱的美剧《实习医生格蕾》中，有一集名为“As We Know It”（正如我们所知）。德里克找到劫后余生的梅雷迪斯，千言万语只说了一句“你

① 英文中，last有上一次的意思，也有最后一次的意思。——编者注

今天差点没命了”，欲言又止地准备离去。梅雷迪斯冒出一句：“可是，我不记得我们最后一次亲吻。我满脑子想的是，我今天就要死了，可是我想不起来我们最后一次亲吻。很惨，我知道，可是我就是想不起来。”

德里克果真是梅雷迪斯的真命天子，他回忆起那天的情形，像是说着一段淡淡的爱情传奇：“那是一个礼拜四的早晨，你穿着那件把你衬得很好看的又皱又旧的达特茅斯大学 T 恤，脖子后面还破了个洞。你才洗完头发，闻起来像某种花儿。我早上有一台手术，已经快迟到了。你说待会儿见，然后你靠向我，把手放在我的胸口，亲了我一下。柔柔的，很轻快，像一种习惯。你知道，就好像我们往后每天朝夕相处的习惯。然后，你继续看报纸，我去上班了。那是我们最后一次亲吻。”

我至今相信，一个意味深长的吻，可以开启一段罕见的佳缘。任何一个吻，也都可以意味深长。

水之细品

喜欢在用餐时，配一瓶精致的水。不是文艺女生手中捧着的凉白开，我是典型地喜欢喝来自世界各地纯净水源的瓶装水。像品红酒一样，在无色无味间辨识细微的饱满度与清澈口感，或许还会有隐约的余味。

我对水的偏好（或者说挑剔），或许是因为小时候在上海家里养成的习惯。那是瓶装水还没有普及的年代，上海的水质泛着泥土气。家家户户都有

各自的方法让水喝起来容易入口一点，更安全一点。老保姆把家务料理得妥妥当当，唯有全家的饮用水是外婆亲手处理，外公总是开玩笑地说她这个 20 世纪 40 年代上海中法大学药理专业生学以致用。

记得，前一晚外婆会先将自来水通过碳芯过滤，第二天一早煮开后注入三只老式的厚身透明玻璃大药瓶（前些年夏天到上海时，还在太原路、湖南路一带的小花店里见过类似的药瓶，品质差一点的插树枝条，好一些的插芍药茶花）。待凉后，一瓶留到下午煮咖啡或红茶，另外两瓶分别泡入新切的柠檬片或小黄瓜片，驱散了泥土气，还带点沁香口感。我就这么一直喝到中学移居美国。

相信初来洛杉矶的朋友，大概会和我那时一样，觉得这里的自来水洗起来滑不唧溜，一开始不习惯还以为没洗干净。其实是当地水厂处理过的软水，去掉水中的矿物杂质，不易留下水垢，阻塞花洒。不少人家还会自备软水器，定时往机器里加盐。深夜无人用水时自滤循环，会听见轻轻的轰隆隆咔拉拉的声音，沿着屋子的水管，穿过静寂。接上反渗透净水器后，最寻常不过的水，喝起来都有股极淡的清甜，再不情不愿也会忍不住多喝几口。

美国人喝瓶装水大多是为了运动健身时的方便，直到近年提倡减少碳酸饮料的摄入，才开始对水源、品水的风雅、水与美食搭配的口感悉心体味。意大利人则一向是产水、卖水、品水的高手。

我对圣培露矿泉水几乎是一喝钟情。不加冰块也不冰镇，典型的气泡矿泉水，绵密饱满，清甜爽口。盛在醴铎极薄的水杯里喝，搭配开胃小食，最能唤醒味蕾，亦足以衬托风味浓郁的菜肴。工作烦琐时，喝上两口也觉得精神为之一振，缓解烦腻的情绪。最重要的是，它的硝酸盐含量极低（不到1mg/L），意味着水源至今保持着最高的纯净度。另一款纯净度极高的罗马之源矿泉水，来自意大利中部。淡口味，不偏不倚，清澈度温柔雅致，是工作午餐、简餐的最佳搭配。詹妮弗·安妮斯顿代言的智能水，钙、镁、钾成分组合软硬适中、酸碱适中，是新一代美式设计的健康水中，口感最圆润的一款。

红酒讲究陈年极品，纯净水也有年份之说，除了增加传奇的意味、保障纯净度，口感特色也蛮明显。比如 Fiji Water（斐泉）告诉你那片云于 450 年前在离岛降雨，水味入口平缓淡雅，日常喝最顺口。黄石公园 Sunlight Springs（阳光温泉）矿泉水的水源，有4000年历史，可以说是世上最陈年的水，口感富有爆炸力，偏碱性的特质被许多营养师认为能调整体质帮助抗癌。日本有很多小清新的精装水，然而日本人趋之若鹜的却是来自美国夏威夷的深海圣水 Kona Deep（科迪深海水）。因 3000 年前北大西洋格陵兰岛周围巨大的冰山融化所产生的戏剧性结果，融化的冰山水的温度和盐度与周围海水截然不同，未经混淆地快速沉降于深海，安稳纯净地封存了矿物精华及电解质。说得再玄一点，它带有热带雨林空气里特有的柔香味，是清晨第一口最想喝到的“记忆”。

虽说，水就是水，细微处也很复杂。口味是一种后天养成的嗜好，大概可以解释为日积月累的经验。口味越是淡如水，越能提升味蕾的敏锐度，渐渐地便不会因为口感简单而不安。

后院时光

小时候看拉尔夫·劳伦的广告，透过布鲁斯·韦伯的镜头，在我脑海里，留下一幅美好生活的画面。成年后，理想渐渐成为现实。上万平米的青石豪宅或许真的只适合 *Architectural Digest*[①] 里的画风，1938 年的 Bugatti（布加迪）手工跑车更是可遇不可求，但环境宽敞的私宅庭院还是可以拥有。

很多年前，我花费了一点心思，在洛杉矶繁华幽雅的地区找到了一处有私家道路的隐秘小屋，背靠半山，前后院各有一处喷泉，终日的潺潺声吸引了许多蜂鸟飞来嬉水。

主屋与客屋颇有些年岁，保养得尚算窗明几净，绿茵、花藤、树木，修葺得郁郁葱葱整整齐齐，几株参天的松树、玉桂树已是古树级别，十几株棕

① *Architectural Digest*，建筑文摘，中国称为《安邸 AD》，国际权威家居生活杂志，创刊于 1920 年。它主要介绍世界各地具有当地特殊风味的建筑、名建筑大师的杰作、大明星的住家别墅等，是一本“室内设计的国际级杂志”。——编者注

榈猜测是第一代屋主种下的。还有我喜欢的紫玉兰、茶花、茉莉、薰衣草、玫瑰、澳洲茶树、令箭荷花、九重葛、鸡蛋花，以及许多不知名的稀奇古怪品种的花卉，院子里一年四季不同的花开飘香。曾经的大狗、现在的小猫在一旁嬉戏。好友家人聚在花园里不管是喝茶消遣，还是谈天说笑，都是一副漫不经心的样子，让时间从指缝里潺潺流过也不为所动。既没有金碧辉煌，也没有刻意雕琢，更不见琐碎劳神，唯有淡淡的用心，把最平凡的日常生活过得有质感，让奢侈无形地飘荡在空气里。

那些也曾是80年代居家杂志、近年庭院杂志的富饶安逸景象。放在现实生活中，与其说是品位和设计，不如说是一种私生活的美好处境，日积月累的照料和打磨。

我大概早已被归类为非传统、大都会、忙碌的现代女郎。因为常常出差，短则两三天，长则十天半个月，大部分家务尚算亲力亲为，也少不了每周请清洁工、专业园丁来整修庭院。不过，遇到宅在家里的周末、早归的午后、空闲的清晨，倒很喜欢摆弄庭院里、屋子里的花花草草。想要厘清一些思绪的时候，就会替每株花、每个吊盆浇水，摘去几片枯叶，修剪几枝玫瑰、紫阳花，修整荡漾的粉红茉莉和金银花的藤蔓。偶尔也学着翻种下一季的鸢尾、郁金香、洋牡丹、百合、马蹄莲。还喜欢搜集颜色娇艳的姹紫嫣红的奇花异草，有的像扇子，有的像折纸。最不费神的是迷迭香，每到隆冬将尽初春即来之时，最先开出深深浅浅的紫色小花，覆盖整片前院，煞是壮观。最顺手的，是从厨房窗台的香草盆里，剪些柠檬草、薄荷叶泡茶或罗勒放入沙拉。

所谓一家有一家的风水，别人家觉得难伺候的兰花，在我家完全不费力地自然生长，时间到了就繁花累累。而，别人家觉得很好养的绿萝，在我家总被小猫 MeowMeow 啃得枝无完叶萎靡不振，所以顺手给园丁带回家养。

跟每周买些鲜切花和摆弄盆栽不大相同的是，看着植物随周围环境气候抽枝冒叶开花结果，会明白生命审时度势的重要，许多事也自有天意。要养活一株植物不难，但是要养得漂亮，不是一件容易的事。比如多肉植物是普遍意义上最容易养的了吧，可也得常常除去叶面的浮尘，把花盆擦得干干净净才显得健康有朝气。我也很佩服生命力顽强的薄荷，明明只剩枯叶了，一场雨后又冒出嫩芽，稍稍修剪一下，更加茂盛。即使只是空闲时候走近一些多加观赏，也会因为及时发现虫害、黄叶、白霉菌，避免了一场不可挽回的灾难。

喜欢园艺，一方面完全是因为想享受大自然的氛围，另一方面也因为优质的园艺工具，更添欢愉。

当今优质的园艺工具，大多出自英国老铺，经过几百年几代人的千锤百炼，不仅品质优良，更赋予各个细节的实用性及优雅元素。

遇上长周末时，周日一上午在院子里修剪玫瑰、杜鹃、迷迭香。用了 10 多年的 Burgon & Ball（伯根和鲍尔）鲜切花剪，依然锋利，弹性适手，从花茎到小枝，切面清脆鲜净。这家建于 1730 年的英国老铺的园艺工具，是专业人士一致推崇的最爱，严选硬度高不易磨损的高碳钢，经热盐处理后，上手更轻巧。一系列掌上型铲、锥、锹等，重心较低的圆熟含蓄美妙设计，非常适合亚洲女性较柔弱的体力以及纤细手型。还有一款专门用于修剪香草类嫩枝叶，落手清脆精细。

另一家喜爱了多年的 Joseph Bentley （约瑟夫宾利），1895 年创办于英国。用途广泛的 General Purpose Hedge Shears（以保护作用为长的大剪刀）在我家专用于修剪冬青与洋茉莉，并不算发挥其极限。不过，扎实憨厚的老橡木柄、不锈钢身，拿在男生手上，莫名其妙地倍添魅力。

相较于 Burgon & Ball 与 Joseph Bentley 把各类园艺工具发展得面面

俱到出神入化，英国的 Haws（好氏）130 多年专心致志只做洒水壶。一般用户往往第一眼已被它种种鲜艳的色泽吸引，壶身壶嘴设计更是漂亮得一如艺术品。我最终选择的还是经典墨绿色铜壶，3.5 升与 4.5 升超长壶嘴，摆在白色栏杆旁，映着茶花叶子，煞是好看。壶身高出少许、壶梁重心后置的巧妙设计，走动时水也不易溢出。壶柄的弧度，洒水时推动自然倾斜，单是手势已有说不出的雅致迷人。

英国园艺工具的杰出，绝非偶然，与英国历代的文化传承有关，查尔斯王子尤其热衷园艺。25 年前他把自己的公爵之家农场改造为有机农场，如今成为全球有机耕种持之以恒的旗舰典范。农场自产品牌公爵原味，有各式饼干、果酱、奶酪、酒、火腿、保养品、园艺家具等，盈利全部用于慈善事业。他与夫人卡米拉访问美国时，特地抽上一个周末到北加州有机农夫市场参观，足足流连一上午，是全程民间活动最久的一站。从新闻片段看到，两人随手试吃摊位的小食、尚带着尘土的甜柿蜜橘，遇到难得的美味，会忍不住送上吃剩的半口请对方品尝。那种有着共同兴趣的甜蜜、亲切、扶持，美好而真实。

威尼斯是最好的散心地

世上的名都，有些适合筑梦，有些适合打天下，还有些适合购物或谈情说爱……威尼斯，在我的旅行地图上，是个散心地。

富饶的宗教艺术建筑遗产，散落在威尼斯的大街小巷运河两岸。岁月的斑驳，掩不住昔日的璀璨盛世，也挡不住它的继续沉沦。既然“沉沦”都没什么大不了，那么，生活也就没有什么是过不去的了。这是我十多年前，第一次去威尼斯的感悟。

那时正处在事业转型的十字路口，前一份是熟路，后一份是新途，心底很清楚自己要什么，但还是会忐忑地不自觉地唉声叹气。工作交替的间隙，与男伴去了威尼斯散心。整个威尼斯除了水路就是步道，出了机场就开始搭水上计程车，新鲜感带来的兴奋过后，来自天天以车代步之地（在洛杉矶没人走路）的我很不习惯。有趣的是，踏在那些狭窄的石板路上，走过木桥石桥叹息桥，又不停地上下码头，不断地在蜿蜒曲折中迷路，也总能抬头看到圣马可广场的箭头找到归途。心情豁然开朗。反正，只要目标没有错，走下去就对了，途中绕的弯路都有可能开创别人未曾见过的另一片天。冥冥中自有天意。

我的威尼斯散心之旅，并没有扩展出什么伟大的事业，却令我对生活的态度有了更从容的感悟。但是，对香奈儿女士而言，威尼斯是她的重生之地、灵感之源。

1919 年圣诞夜，香奈儿女士因挚爱鲍伊・卡柏车祸丧生而陷入消沉，丧服“小黑裙”成了她的日常服。隔年夏天，艺术家好友米西亚・塞尔特带她到威尼斯散心，她首次踏出法国旅行。当香奈儿女士发现威尼斯的城市象征就是自己的星座“狮子”，迷信的她已经认定这是一座带给她幸运与转机的城市。接着，她在时髦人聚集的弗洛里安咖啡馆[①]里享受趣意盎然的聊天艺术，惊艳于圣马可大教堂祭坛背后金箔彩色宝石镶成的马赛克屏风 Pala D'Oro（黄金祭坛），继而结识俄罗斯芭蕾舞团的灵魂人物迪亚吉列夫……她的社交生活、她的创作思路，全面复苏，也更加精灵开阔。从此香奈儿时装的黑与白简约世界里，涌现了丰富的色彩、华美的巴洛克风格、拜占庭艺术之美、神秘的东方魅力，尤其是香奈儿时装装饰珠宝，形成品牌独有的奢华特色。

历史上，威尼斯是丝绸之路的欧亚枢纽，古欧洲人眼中富丽神秘的东方门户，大概也是第一个真正意义上的多元化城市，对东西方文化都有很大的包容。达涅利酒店套房里，古董床的兽脚、漆木柜上的描金痕迹、门匙的流苏穗坠，犹如中国古书里走出来的似曾相识。

中国发明的造纸术，传到了威尼斯，诞生了世界上第一本印刷读物。因此当地的文具历史悠久，老字号里种类丰富，也持续有新品牌加入。前些年夏天，再访威尼斯，结识了 1980 年创业的波多莱蒂，买到有着自己姓名缩写的封印，盖章可以调换，蜡枝特别选了威尼斯红（通透感的酒红色），用酒精灯烧熔，烙在日式厚棉丝纸信封上，再烫上金粉，美得旖旎。2012 年 3 月底，重游威尼斯，在 IL Papiro[②]添置一套蘸水笔、一叠绲着湖绿色边的大理石信纸。最适合写给时常想起，却疏于联络的昔日好友，当笔尖划过纸面，带来久违的转折顿挫节奏感，伴随断断续续的思绪，很自然地就写出一手流利的草体。

游荡在威尼斯，很难不被汹涌的游客人潮包围着。面对高涨的物价，当地人不得不逃离家乡。美国人发起的“拯救威尼斯”公益团体，则通过修复文艺古迹为意大利与全世界分享宝藏尽一份绵力。

真正不变的，是威尼斯本身。情绪化的气候，清晨彩霞满天，傍晚潮水漫延，

① 弗洛里安咖啡馆位于威尼斯圣马可大广场，创建于 1720 年，曾经是歌德、拜伦、普鲁斯特和狄更斯的会客厅，约有 300 年的历史。咖啡馆依旧是 18 世纪初的风韵，优雅的古典气氛让人流连忘返。——编者注

② IL Papiro 始创于 17 世纪，是意大利知名的手工文具店。——编者注

圣马可广场上的白鸽依然无忧地觅食展翼，美景仿佛在卡纳莱托名画中凝固。时光渐渐碾碎了传奇的真伪，因失误启发的想象，沉淀为艺术创作，破蕾丝、老刺绣、旧家具也变身弥足珍贵的古董，留给西方人的东方印象在东方人眼中，充满迷幻。

美国作家亨利·詹姆斯曾把威尼斯形容为“破碎的西洋景”，至今美得独一无二。威尼斯的存在，曾经即是永恒，反常显得正常，东方中又很西方。

马卡龙——最性感的甜品

甜品的存在，只是为了满足味蕾的欢愉，虽然没有多大的意义，却给平淡的生活带来珍贵的惊喜。西方谚语说，“life is uncertain，eat dessert first”（人生苦短，先吃甜品）。

巴黎的甜品，总是更胜一筹，除了层次绵密丰富，模样更如珠宝般瑰丽。最饶富盛名的，不能不提“最性感的甜品”——马卡龙，它曾经一度被誉为“少女的酥胸”。每一家烘焙店的口感和调味，各有特色；每一个甜品迷，也都有自己死心塌地的心头好。纽约时报更以“在巴黎，马卡龙就像是一场烘焙师傅的战争”来形容这一现实。

首先浮现脑海的，是老字号 Laduree[①]，那门外永远排着的 30 分钟长龙，充分证明它的人气。这家店以古典传统口味最出名，如香草、玫瑰、开心果、柠檬，颜色缤纷如缎带，脆饼混以杏仁、蛋白，烘焙后数天真正醒透，口感

① Laduree：拉杜丽，堪称甜点中的路易威登，是巴黎著名的高级甜点品牌。它创建于 1862 年，经过近一个半世纪的洗礼，在世界各地的甜品狂热粉丝心目中的地位依然不可动摇。——编者注

清爽简单脆润。一口一个的迷你尺寸，尤其受欢迎。印有古董蕾丝图案的外卖纸盒，半打用淡绿色，整打用粉红色，紫色款特别由安娜苏设计。带着旅游指南专程前来的日本客最疯狂，一边细细品尝一边激动流泪的，也大有人在。

魅力直逼 Laduree 的，当属 Pierre Herme[①]（当地人昵称它为 PH）。皮耶·艾曼先生十四岁拜巴黎烘焙祖师爷卡斯顿·雷诺特，名店 Lenotre（雷诺特）创办人学艺，从学徒一路当上 Lenotre 的烘焙店主厨，之后精炼甜品艺术，转任 Laduree 及 Fauchon（馥颂）的首席烘焙师。十多年前，他在左岸自立门户，其马卡龙有许多创新的口味，口感绵密复杂，流窜着绝妙的惊喜。比如，法国海盐微微的咸味和晶体的口感，提升了焦糖的富饶浓郁，却不会觉得太腻；夏威夷果仁香中带点白松露的辛味；明媚火红的脆饼夹巧克力馅中镶着一撮鹅肝，古怪得滑腻美味。

最哄女郎开心的玫瑰树莓荔枝甜点，松脆的饼片夹着柔软的奶油（上面还缀着一瓣红玫瑰），在口中缓缓绽放出玫瑰红莓荔枝的芳香，绝对是色、香、味俱全的艺术品。在 PH 店堂里看着初次拜访者目瞪口呆的垂涎表情，我也不得不相信，法国人所谓“用生命与爱去创作”的意义与满足感。近来 PH 大力拓展事业，2008 年又在巴黎多开两家分店。而皮耶先生当年学艺的名店 Lenotre 则有罕见的方形马卡龙，十分幽默。

喜欢巧克力口味的，除了两家巧克力工艺坊 La Maison du Chocolat（梅森巧克力）与 La Fontaine au Chocolat（喷泉巧克力）值得尝试外，也不能错过 Gerard Mulot（杰拉德·缪洛）与 Havin[②]这两家以马卡龙传统口味获奖的名店。

将日本元素注入巴黎甜品的 Sadaharu Aoki（青木定治）甜点店，在一片东西方混搭风中闯出名堂。绿茶、黑芝麻已不算什么稀奇口味，最特别的

---

① Pierre Herme：巴黎著名的甜品品牌，被誉为甜品界的爱马仕。其创始人皮耶·艾曼也被誉为甜点界的毕加索，是法国家喻户晓的糕点师傅。——编者注

② Havin：法国知名甜品品牌。——编者注

当属姜味奶油配焦糖浆，以及紫色脆饼镶嵌着红莓与伯爵茶蛋酪，轻巧地将东方神秘，扭出了摩登姿采。巴黎不愧是“时装之都”，为配合巴黎时装周，Laduree、Pierre Herme、Lenotre、Fauchon 等烘焙名店，一年推出两场新作，限期供应。这些“时尚甜品”，连颜色、香气、形状、配备的纸盒缎带，都往往与来季时装潮流吻合。Laduree 甜品店总是更胜一筹，还礼聘时尚专家共商大计，掌控与媒体的推广策略。就算错过了巴黎几家门市，也可在机场好几处购得。性感落得如此随心所欲，难免会少了点神秘。

有心踏上巴黎甜点之旅的，最好集中火力在第六区及第七区，此乃当地甜点品牌高密度汇聚地所在。

调情者日记

喜欢像小动物一样地，蜷在男伴臂弯里慢慢醒来。在他轻轻的抚摸中，身体还是懒洋洋的，但脑细胞全体激活，真比十几个闹钟齐响还管用。获得的，不只是一刹那的快感，还有长相伴的欢喜。

你说这是性感，我更认为是调情。

性感，往往借助于某些媒介，唤醒潜意识对性的冲动与联想。男友的衬衫，暗示昨宵的欢愉；丰盈软滑的双唇，有想要吻下去的冲动。伊丽莎白·泰勒则将这种性感的感觉，以一种“取悦对方、享受自己”的状态呈现于荧幕，从而深入人心。我见过最贴切的形容，是索伦·克尔凯郭尔[①]在《诱惑者日记》一书中所言：性感，是调情的过程，而非调情的对象；是享受爱情的过程，而非爱人本身；是了解对方，而非单一的占有。

调情，也常常被简单地设定在一些肢体动作，甚至被称为“调情的艺术”。比如，女人轻咬下唇，手指拨弄胸口的项链，眼波流转的神韵，不是很专心听却似笑非笑的神态，斜倾的旖旎坐姿，都是无尽的暗示。有时候，技巧太多，未免把原本两人独处时的温馨气氛，误化为花枝招展的风骚。对我而言，调情最大的乐趣，在于言辞间一语双关的幽默，用意态的形容词描绘出身临其境的感觉，反应灵敏，透过脑电波交流大量的资讯，把互相的成长背景结合在一个频率上，令对话变得趣意盎然。

比如，埃及艳后克莉奥帕特拉承诺，为安东尼献上一餐最昂贵的晚宴，最后端出来的只是最简单的家常菜。可是克莉奥帕特拉拿起一杯醋，同时摘下一枚价值连城的珍珠耳环溶于醋中，两人一饮而尽。有一点恶作剧的创意，

---

① 索伦·克尔凯郭尔，丹麦宗教哲学心理学家、诗人，现代存在主义哲学的创始人，后现代主义的先驱，也是现代人本心理学的先驱。他反对黑格尔的泛理论，认为哲学研究的对象不是客观存在而是个人的“存在”，哲学的起点是个人，终点是上帝，人生的道路也就是天路历程。代表作《非此即彼》《人生道路和阶段》。——编者注

在谈情说爱的气氛里，最是销魂。

电影《烈爱风云》中，格温妮丝·帕特洛答应青年画家伊桑·霍克做他的模特，在他睡眼惺忪时分，自顾自地来到他破旧的酒店房间。没有搔首弄姿，只是像回到自己家中，宽衣解带、休息、发呆、翻杂志、抽烟，打发时间，周遭的一切像是不存在似的。没有任何挑逗的动作，却无比性感，超越视觉却如影随形，自觉又不自觉，在随意与刻意之间产生磁场。性感在空气中回荡，令观者无言，只想屏息欣赏，缱绻回味。小时候，那些两人在大宅里周末相处的青涩时光，涌上心头。伊桑·霍克灵感如泉涌，画笔飞快。男女主角完全没有肢体的交合，观众却看到化学作用在蔓延，可偏偏戛然停止，她突然离去，空留无尽惆怅，这也恰恰是调情的神秘美学。

遇到旗鼓相当的拍档，就算背景完全不同，也能很快跟得上调情的节奏并融入其中，真正妙不可言。

20 世纪末的人文气质，似乎完美掌握新潮与复古的魅力兼备的情怀。

1999 年重拍的电影《偷天游戏》，爱捉弄人的窃画富翁皮尔斯・布鲁斯南与一本正经的保险公司探员蕾妮・罗素，在 Cipriani（希普利亚尼）餐厅表面约会暗中斗智。当他的一切身份呼之欲出时，他冷不防问："我可不可以问你一个很私人的问题？"她警惕地答应了。他却极度恶作剧地说："你要再来一杯意式浓缩咖啡吗？"她虽然满脸的意外，却深明他的真正用意，短短几秒钟内从敌对身份到互生情愫，她跟着暧昧地说"我认真地表示同意"，随即离桌。他注视她的背影，露出棋逢对手的满意微笑。所谓的灵魂伴侣，正是听得出弦外之音的那个人。

我的签名式饮品

社交生活，不外乎吃喝玩乐。其中，这个"喝"字，可圈可点。能小酌浅谈，能情长意浓，能化解推却不了的尴尬约会，也为接下来的故事，留有发展的空间。没有太多的道具，只有我眼前的这杯饮品，它是我逢人、逢景、逢情，最常点的，无论简单易选，还是复杂刁钻，都无须看饮料牌，就能随口叫出。眼前人可喜时，它陪我相谈甚欢；眼前人乏味时，我独享它，也能自得其乐。

渐渐地，大家看到它，就会想起有关我的种种。它，成为我的签名式饮品。

据说，已故时装界教母戴安娜・弗里兰，冬天喝加冰块的威士忌与甘草汁，一到夏天就改喝冰镇的 citric wine（带柠檬香的白葡萄酒）。

我有位开酒吧又很会喝酒的好友，十年前把事业伸展到了北京。每次他

aux truffes

回洛杉矶度假时，逢夏天喝 mojito（莫吉托），圣诞节新年就喝 lemoncello（柠檬酒）。偶尔在他的酒吧里遇上周围朋友开始拼酒，他就倒一杯温水给我装样子。装不下去了，就一起从后门溜走。

大概是 2010 年，他在台北复兴南路 Maybe 酒吧偶遇“宝贝睡三天”——一杯混合了九种烈酒，被我笑称是“把妹酒”的饮品。事实上，500 毫升“宝贝”就足够让人飘飘欲仙了，不用灌一肚子酒，就算醉了隔天也不会有宿醉的头痛。坊间“宝贝”虽多，水准却不均，因为“宝贝”调起来很费工夫，每一杯里的九种酒都要按不同比例小心掌握，不是那些喜欢与客人搭讪的一般酒保可以胜任，所以 Maybe 的老板布鲁斯也不介意与爱“宝贝”的酒友们分享配方。于是，我这位好友把“宝贝”带到北京，看准三里屯“2 楼”酒保的低调个性，请他试着调制。一次次稳定后，“2 楼”酒保又再多加一种烈酒，成了连我都说好喝的北京版“宝贝睡三天”。入口的橙香味，非常讨人欢心，有一刹那似乎感觉不到酒的存在，危险中的惊喜十分过瘾。

我的签名式饮品是 Bellini（贝利尼），鲜榨桃汁加香槟。话说，许多许多年前正决定转行，对前路琢磨不定但很清楚自己要什么的日子里，趁着秋末暑气尽消各种颜色开始染满枝头，与男伴去了威尼斯。做了许多观光客做的事，尝了很多当地风味的食物，最后一夜搭最后一艘 Gondola①靠岸，只想寻找美国人所谓的“comfort food”②，就是那种味蕾熟悉的、舒服的、不花哨的寻常美味。长得像普拉达时装广告模特的船夫建议：“那么你们不能不去 Harry's Bar（哈利酒吧）。”

世界上知名的 Harry's Bar 很多，至高无上的是威尼斯这一家，也是纽约连锁名餐厅 Cipriani 老板的起家地，却以给他资本开店的美国友人哈利·皮克林为名。别以为旅游书上标着“$”即是高级正宴餐厅，Harry's Bar 吸引

---

① Gondola：冈朵拉，又译为“贡多拉”或“刚朵拉”，一种小船，是意大利威尼斯的一种特殊的水上交通工具。——编者注

② comfort food：安慰食物，指以古法烹调，会勾起人们的乡愁、让人怀旧的食物。——编者注

世界各地的人慕名而来的招牌作品是 Bellini，餐厅里卖的大多是汉堡、三明治、沙拉等“上不了台面”的简餐，我却在吃过比较过各式各样之后觉得这是人间最好的，有一种说不出所以然的安定感觉。这不全是“用心做”的原因（谁开餐厅会打定主意不用心呢？），老板的天分和环境的安定才是重点。

推开磨砂玻璃门，Harry's Bar 昏黄朴素的空间，一如船上的小酒吧，墙上挂着的王公贵族肖像，才显现一点岁月的颓废与名餐室的尊贵。酒吧台上，一长排用牛奶玻璃杯盛载的 Bellini，其中一杯是我的。从不自夸懂得品酒，但之前之后喝过坊间各式各样的 Bellini，还是最佩服 Harry's Bar 的这款。先酿后榨的白桃汁，甜丝丝的馥郁芳香扑鼻而来，兑上 Prosecco①气泡酒的清盈薄透带点梨花苹果微酸口感，舒坦滑溜得果真如梦游仙境，唇齿间的芬芳，久久不散。有点浑浊的液体，却透着一种光线照到白瓷上的粉红光泽，据说因为酒保出身的老板朱塞佩・希普利亚尼觉得它的颜色像 15 世纪的威尼斯画家乔凡尼・贝利尼的油画而得名。餐前赠送的肉丸、橄榄小食，以及接下来的三明治、汉堡、意式生牛肉，也是寻常得不得了的菜式，但是从酱汁到食材，每口都是简简单单扎扎实实，就像一位很会做菜的老保姆刚刚端出来的样子。这一轮“寻常美味”不是填饱肚子，而是舒服的满足。离开 Harry's Bar 时，脚步浮浮地与男伴牵手走“弓”字形穿越广场。

Harry's Bar 的 Bellini 精妙之处就在于，喝起来不是敷衍不是消磨时光，也无须买醉，而是真正的享受，后劲飘飘然。不想沾酒精时，就要一个“处女”版本，用苏打水或姜汁汽水取代香槟，解渴得很。而罐头桃汁加上伏特加，就成了一杯较浓稠的 Martini②，可称之为 Bellini Tini（贝利尼・天尼）。

在大部分很淡定的日子里，我的签名式饮品是酸梅汤。台北淡水老街的阿嬷酸梅汤，好喝程度分“三部曲”，前段酸、中段甘、后段甜，现在有速

---

① Prosecco：普罗塞克，一种全球知名的意大利葡萄酒。——编者注

② Martini：马天尼，被称为“鸡尾酒中的最佳杰作”，是鸡尾酒之王。——编者注

溶袋装售卖，味道稍逊。也可以在南门市场门口买配好的酸梅汤材料自己泡，最后洒上一撮桂花酱。最想念的，是台北新公园西侧怀宁街上的“公园号”桂花酸梅汤，已有六十多年历史，爽口香醇，不含中药味，不过酸也不过甜，悠悠然的甘香回味。如果“怀旧”是一个摸不着猜不透的形容词，喝一口“公园号”酸梅汤就是一个最确定的体会。

我也是喜欢香槟的。纽约伦敦米兰巴黎时装周赞助商之一是酩悦香槟，攻占90%后台和派对。小杯的，干脆用吸管喝，口红不会弄糊。不过，大概会活活气死品酒名家们。Swarovski（施华洛世奇）特别为酩悦做了香槟瓶口，镶满了水晶，喝起来美得冒泡。

我有位好朋友安妮，是香槟的信徒，也特别会喝香槟。有她一起吃吃喝喝的日子，就一定有香槟。称她心如她意的话，一日三餐都要配香槟。有次我俩赶着看舞台剧，随便吃了简餐（新英格兰蛤蜊汤和沙拉那种不会出错的简餐），她竟然也配香槟。开场前，她又点了杯香槟慢慢饮。她休假来找我玩，下飞机第一件事就带她去买香槟。我觉得她的日子，一定是飘飘然的。

我喜欢Krug①，尤其是Krug Rose（库克粉红香槟），舒服，干净。无论你是否喝酒，都不可能不喜欢Krug。有人形容“美酒像丝绒”，说的就是它了。

2014年11月初在巴黎，精品协会60周年的商会午餐，从酒会、前菜、主菜到甜品，配了4种最好的Krug。连我都破例喝完一杯Rose、一杯2003年份，其他各喝一小杯。“好的香槟是不会让人醉的。”任官方陪客的市长女士说。以法国执政党当前排斥精品的局势，一直坚持不喝酒的她，最终也在我们“味道好极了”的赞美声下，喝了下半场。难怪西方有句谚语说，香槟足以打破一切政见隔阂与派系斗争。

家宴或有朋友来访，我通常准备Laurent-Perrier（法国罗兰百悦香槟）。

---

① Krug：库克，顶级的香槟品牌之一，是英国皇宫宴会的指定香槟。——编者注

名气没有酩悦香槟和凯歌香槟大，但是入口更顺，更不酸，很受女士们欢迎。

总之，属于自己的签名式饮品，不一定是当前最红的饮品，也不需要标新立异，它应该是很基本很易调。只是中间的搭配，稍许有点私人的变化。就好像签名，有时候是缩写，有时候是中文版，有时候是英文版，却都是自己的。

谈香

大学同学毕业后在广告界闯出佳绩，八年前在我的怂恿下，将公司出售给业界龙头，返回意大利罗马继承家族的橄榄园。传统风味很受欧美高档杂货铺青睐。一年中他总有好几次以自家产的美味佳酿招待亲朋好友，“刚寄了橄榄油给你”“快点来吃糖渍紫藤花”“新发明了丝瓜松仁酱”，我最无法抗拒的是“要开始做 Potpourri[①]了，等你来一起选材料”。好似启动了我的记忆暗匣，又描绘出许多遐想，难以捉摸的气息，随之飘散开来。二话不说地订了机票，十几个小时后，就漫步在罗马郊外的山间农庄。

近年罗马的夏天来得特别早，复活节前后的春色艳阳已经蒸出了乡间一阵阵清甜暖风。友人农庄的主屋周围是大片的花园与香草地，种有烹调意大利料理不可或缺的作料，也有不少是室内香氛 Potpourri 原料。除了玫瑰、迷迭香、丁香、肉桂、香樟、茴香、鸢尾根之类，入选的还有他妈妈特别得意的泰国罗勒、香蜂草、烟熏味鼠尾草。过去我总担心这样随心所欲的杂烩到头来是不是太突兀，跟足全套制作流程后才明白，只要原料上乘、空气好、过程干净，味道就不会怪异难闻。过程中也有的是机会，让我们逐步调整。

Potpourri，俗称“百花香”，在欧美有很长一段时间甚至至今仍是老人家居的代名词。好莱坞八点档教父艾伦・斯班林去世后，遗孀凯蒂・斯班林把住宅面积 4600 多平方米、共 123 个房间的古典庄园出售给英国富家女佩特拉・埃克莱斯通。抱着“精简晚年生活”的摩登心态，她搬去附近摩登高级公寓的顶楼，1600 多平方米的绝美空间，找了明星设计师设计，却被同栋大楼里的年轻富二代及青年企业才俊尊称为“那个摆百花香的老太太家”。

① Potpourri：百花香，指放在罐内的干燥花瓣和香料混合物，能散发香味。——编者注

考究的百花香制作，从春末至夏季选材料开始，分批入味，逐次拌匀，一直到第二年年中才算大功告成。干花瓣草药与薰香精油经过长时间的浸渍发酵，原料模糊，质地潮湿油润，香气浓郁饱满，跟工业流水线上出品的供观赏的染色干燥花果，完全是两码事。所以在家中使用优质的百花香，需要懂得收敛，更要避免灰尘的玷污，才不至于蒙上一股老人味。如果粗暴地把百花香摊开铺在银盘上或堆在阔口瓷盘中，那是熏腐尸的做法，真不值得赞美。意大利佛罗伦萨 Santa Maria Novella①为自家百花香特制的瓮以主题系列发售，瓮内涂了一层无彩釉，防潮防菌，隔三岔五地打开盖子翻一翻，经典的辛辣甜香从小孔中悠悠散发出来，为现代装潢提供了“中古风”，又避免空间的暮气沉沉。瓷器老字号韦奇伍德的百花香瓮巧夺天工，如今是古玩家的藏品。

跟百花香一样，扩香往往易放难收，填满整个空间还不够，甚至从门缝溜进来、从空调送风口溢出。逛精品店，最

① Santa Maria Novella：圣塔玛莉亚诺维拉，意大利药妆品牌，其悠久历史可以追溯到 13 世纪，是当时专为托斯卡纳名门——梅第奇家族制作化妆品、日用品和药品的药妆店。该店使用原料非常考究，配制过程也很严谨。纯天然的香水、香皂、香波等都是由修道士们用传统手工艺精心制作的。这个历史上最古老的药妆品牌一直被世界各地的名流所追捧。——编者注

怕看见摊开一大堆百花香，比点滴瓶还大的扩香瓶中插满扩香竹，开封后的浓郁饱满，散尽时的苟延残香还夹杂着不少来路不明的味道，手段粗暴得足以毁灭一款历史优香。

新派手法是将香味“渗透”入一些岩矿石、树脂胶，陈列方式比较男性化，也可以很文艺。

近年全球对净化空间的热忱，有了功能及美观两方面的实质提升，从健康生活的自觉性，深入到科技及文创产业。然而亚裔非吸烟女性罹患肺癌的人数明显增加，患者年轻化，恶化迅速，至今没有治愈案例。仅我认识的朋友中，有两位才 20 多岁，因肺癌不幸辞世，加剧了我对此的关注。并不想把矛头指向何方，但这一两年来，我开始有意识地避免焚香，尽量保存空气中的含氧度和纯净度，不管怎么说远离明显的烟雾腾腾总是有益的吧。

香氛蜡烛的使用方式，其实灵活很多。我大多使用香水、护肤及知名居家品牌，比如香水起家的 Jo Malone（祖玛珑）、护肤起家的 Fresh（馥蕾诗），以及拉尔夫·劳伦居家香氛系列等优质的、有自己环境氛围的签名式香烛，因为含香度比较高，打开着不点燃，也有阵阵幽香。有时候也很难割舍香烛的氛围，柔和的香味伴随着温暖的火苗缱绻散放，心情跟着柔和起来。可是，不得不承认，如今香烛的制作门槛比较低，很多设计类创意品牌以包装取胜，放着淡而无味，烛芯燃烧不完全、蜡质燃烧不均匀。后来学乖了，也就对来路不明的小作坊敬而远之。

对香味的迷恋依旧，改变的只是用香方式。比如，以前在焚香炉上用的法国 Durance（朵昂思）佛手柑、云南马鞭草、格拉斯薰衣草精油，现在直接滴在卫生纸卷筒内，随着使用时的滚动，释放香气。常惹得相熟的女客追问：“洗手间里没见你放扩香和香料，究竟香味从哪里来？”也蛮喜欢

Santa Maria Novella的香蜡小板，有百花香、玫瑰、薰衣草三味，分别压成蜡片。夏天我比较常用玫瑰，挂在衣帽间门环上、摆在书桌放信纸名片等最常拉动的那格。尽量使香味随着日常生活中原本存在的推送力量，在空间自然地流动。

书房里的是香氛品牌蒂普提克为庆祝50周年委托R'Pure工作室设计的沙漏飘香座。工作前的“仪式”之一，就是把它倒转过来，让通透的液体从上面的玻璃瓶通过中间的小孔滴到下面的玻璃瓶，20分钟光景，完美呈现了居室香氛释放时的含蓄安雅，思绪却跟着香气活跃了起来。整个夏天刚好会用完一瓶Baies（玫瑰花与浆果叶的味道），入秋时会换上Patchouli（广藿香）。

落色，纸颜

地球晴暖阴寒无常，生活中依旧有许多颜色与气息，提醒着新一季的到来。金黄色的南瓜上市、枫叶红黄金褐地扎染枝头、褐色的松果噼噼啪啪落满野地、壁炉里跳跃着第一朵橙色火焰、白天的空气里飘送着草木的甘香、入夜手捧洒着肉桂粉的苹果茶与浓郁热可可，红与绿的圣诞岁末已在转角处等待登场。

至今保留着手写圣诞卡的习惯。感恩节大餐后，喝着蛋奶酒，在客厅一边闲聊一边铺开来写。挑一款色泽曼妙的墨水，注入用得顺手的钢笔中，看

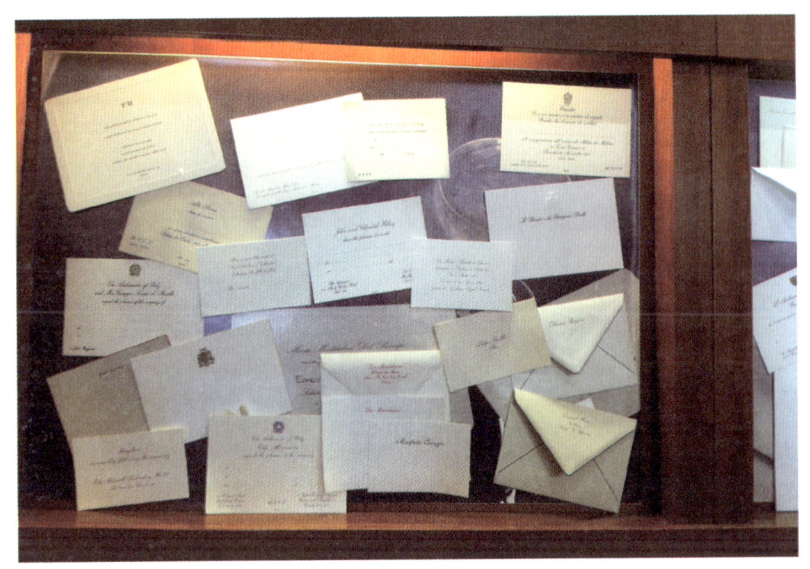

着笔尖落色在无酸亚麻纸上，展露欢颜，也成了我笔下祝福的一部分。

记得小学三年级的时候，语文作业告别铅笔，开始用钢笔书写。好像宣告从此得有“大人”腔调地斟词酌句，做人的点、撇、捺之细节都得到位，落笔也得担起错失的责任。可心底还是孩子气的叛逆。嫌大人用的黑蓝碳素墨水那么严肃苍老，非得用纯净明亮、跃然入目的蔚蓝色。少女时代爱逛 Pearl 画具铺，因为那里的 Lamy（凌美）钢笔管色系最齐，百乐走珠笔最迷人的紫色与普通黑蓝色一样价钱。（这家经营了 81 年的老字号，在 2014 年全面关门大吉。）

成年后，每次看到不同款式的墨水笔，也会忍不住试一下书写是否顺畅，与哪一种纸张摩擦出来的字迹最美妙。同样的墨水，因不同纸张、不同的笔尖，所呈现的些微差别，取决于每个人的书写喜好与工作习惯。原装未必最妙，盛名未必恰好。

早些年爱用万宝龙的勃艮地酒红墨水，因为就算落在最普通的纸上，它既不洇，显色度也比普通的酒红更浓烈，算是我为那些由公司统一使用的公式化商务往来贺卡配上亲笔签名时，最奢侈的心意吧。某次闯祸把一支用了大半的紫罗兰色墨水钢笔伸进勃艮地酒红墨水瓶里吸墨，写出来的酒红不免暗沉了些，却惊喜地折射出紫晶般的光芒。可惜，这个“限定色”只有剩余的半瓶份额，我恐怕也没胆识再调另一瓶。

说不清为什么，我的手不大，作风也不男孩子气，爱旖旎的色泽，偏偏中文字体笨笨圆圆，英文字母间距也拉得很开。对我来说，中号笔尖的粗体浓度，刚好可以补助视觉美感。略有分量也较粗身的笔管，才能让我落笔够稳。万宝龙经典的 Meiseterstruck Classique 钢笔的确有其独到之处，笔身重量均匀，落墨柔畅。也因为实在太出名了，很容易“拿错”与“被拿错”。

优质平价钢笔 Lamy Safari（凌美狩猎者）与 Pelikan Pelikano（百利金），能换墨水笔芯，笔尖也能感受到点撇捺的力度，但比较之下就难逃“一分钱一分货”的宿命。我个人觉得这两款笔的遗憾，是墨水的流量及浓度不稳。以 Lamy 最基本的黑蓝色为例，初下笔的墨色浓重，逐字趋淡，思路太快下笔如飞时，转折处有明显的深浅。这当然可以视为笔下情绪的特色，也终究是旧时匠艺的瑕疵。日常办公使用，Lamy 笔尖外露超过 5 分钟后，非得先画几下“开笔”，墨水才够顺畅。这在商务会议和签字时，缺少了最重要的大方姿态。可是 Lamy 有一款全白色的笔身，让我爱不释手。于是放弃原配的墨水笔芯，装上吸墨管，开始尝试不同的墨水。

高中时候就久闻古老的 J. Herbin 墨水大名，在三十多种名字旖旎、柔嫩娇鲜的天然色泽中挑花了眼，迟迟没有购买。直到十年前才第一次真正使用，立刻惊为天人，也从此一发不可收拾。墨水质地略薄（除了美得极难伺候的 340 周年庆赤铁红），有助 Lamy 落笔的顺畅，色泽看上去笼着一缕青烟，却很稳定。最爱用紫罗兰、月光紫、苏打绿给至亲密友写圣诞卡。前些年别出心裁地以淡红芬芳墨水书写，玫瑰香魂飘在祝福的字里行间。用蓝水晶与烟雾灰写信和笔记最美，很有旧时书籍眉批的感觉。

很多爱用墨水笔写字的行家，往往看不起介乎钢笔与原子笔的走珠笔。J. Herbin 偏偏做了一款平宜的透明走珠笔管，搭配各色墨水笔芯。令我意外的是，介乎中号与细号的笔尖，落笔大方秀气，在教皇御用的 Pineider（彼耐德）亚麻纸上摩擦出悦耳的节奏，在轻薄如羽的 Smythson（斯迈森）笔记本簿页上也不洇。就算一封信写得断断续续，随时提笔，也都流畅极了。

所以我会说，原装未必最妙，盛名未必恰好。自己找到自己的书写节奏，才是最重要的。细想，生活中，大多数的人事物，诸如衣着、护肤、伴侣，也都是如此。

礼物，送给（几乎）什么都有的她

记得购物杂志某年请来帕丽斯·希尔顿为封面女郎，主题是："拥有一切的她想要的礼物？"除了重量级的宾利GT跑车，清单还包括，绣着"Good Mo ming，Heiress"（早上好，女继承人）的粉红丝缎镶黑水晶好眠眼罩，幽默贺卡系列，Jimmy Choo（周仰杰）高跟鞋，Fifi & Romeo 枣红皮革白粗线狗牌颈圈，由 Diane von Furstenberg①设计的 T-Mobile Sidekick 3②……友人说，也不见得太奢侈太离谱嘛。

其实不一定是豪门千金，如今富足社会，盛产"什么都有的女人"，意即：并不真正缺什么，终极梦想，也不是没有，但那是奋斗目标，并非送礼范围，比如，梵克雅宝粉红钻花瓣手链、Aspen（阿斯彭，位于美国科罗拉多州）雪山别墅。

然而，纵使拥有一切所需，也总有这样那样叫人惊喜的玩意，这就是礼物的空间。

比如：Bang & Olufsen（铂傲）的 BeoLab 18 无线音响喇叭（你也没有想到20世纪80年代家庭剧院把音响都做成家具般的造型，会借90年代的精巧设计，在21世纪初小而精的世道里还魂）；

尾端悬有一枚珍珠的御木本银制拆信刀；

香港文华酒店的手工玫瑰果酱；

Franklin Planner 活页手帐；

让·普鲁韦的工作木桌……

每年大大小小的节日无比的多。圣诞、新年、春节、情人节、母亲节、

---

① Diane von Furstenberg：黛安·冯芙丝汀宝，荣获美国时装设计师协会（CFDA）终身成就奖的知名时装设计师。——编者注

② T-Mobile Sidekick 3：由日本夏普公司设计和制造的新款多媒体娱乐型手机，其中一款由黛安·冯芙丝汀宝亲自操刀。——编者注

端午、重阳、七夕，甚至520，噢，还有生日，滚滚地接踵而来。钱还是小事，真正破费的，恐怕是阁下的“想象力”，以及对对方的了解深度。费心思，花时间，只为博佳人欢心，是否有必要？当然不。但是为了“博欢心”，又不是不可以。关键是要先有人想得出，才会有巧匠做得到。Pierre Balmain Haute Couture（彼埃尔巴尔曼高级定制）是量身定制老字号，曾用3300只蜜蜂翅膀替泰国皇后缝制晚装；Creed（克雷德）香水坊替英国首相丘吉尔，调配出海军陆战队营味道的Tabarome（克烈特）淡香水；Smythson文具屋的笔记本，烫银边的纸张轻如羽毛；在巴黎的Odorantes(字面意即“气味”)花店买花，还附送钢笔写的小诗。

可是，“想象力”又不全靠金钱堆砌。送礼者与众不同的巧思，也要有收礼者的全情投入配合。

平日里我最喜欢送的和收的，是最没有负担的礼物。比如自己正巧常用的保养品，好友用过觉得好用的，与好友逛街一人看中一个当即你买给我我买给你；收到当场可以大家一起吃掉喝掉用掉的。收的人不会觉得欠下一个大人情，送的人也轻轻松松。大家没有心理压力，心底却很明白互相最懂对方。

让自己留下深刻印象的礼物，往往胜在观赏性与实用性并存。比如，珠母贝壳叉匙碗碟，吃起海鲜好似特别清甜；能打出高耸不倒却薄透丝滑的Chantilly（尚蒂伊）奶油的器皿，配热巧克力一流；有手刻蝴蝶图章姓氏缩写的信纸，字迹再难看，也忍不住提笔。收礼者喜形于色并追问“哪里买的”，亦是对送礼者最大的恭维。

“钻石，是女人最好的朋友”，可是男人真的要送，太贵太便宜其实都送不出手，而女人，尤其是“什么都有的女人”，眼光一定比男人更刁钻。

前些年爱提倡女人奖励自己的“右手钻戒”，偏偏“钻石发夹”，有点意外的奢侈，又不怕人会错意表错情。曾收过一枚5片淡祖母绿竹叶K金纹发夹，镶着的碎钻珍珠像滴垂的露珠。第一次明白，除了项链、手链、指环、耳环外，珠宝还有其他可能，这更让人惊艳。

一向有人诟病圣诞节送礼的商业化。没错，佳节是团聚的时刻，爱情、友情、亲情，固然可贵。但别忘了，圣诞更是个“欢乐赠予的季节”，把自己拥有的物与情，与周遭人分享，这份大方的姿态最有质感。

第二章

我的护肤哲学

MOMENT
IN PEKING
JOHN ESTEN
DIANA VREELAND
FINE WATERS
SCHIAPARELLI & PRADA
IMPOSSIBLE CONVERSATIONS
THE FRENCH ART OF TEA
JAMES HILTON

生活习惯，决定保养品的选择

挑选保养品，逻辑上会按照自己的肤质、发质、需求，寻找对应的有效成分、喜欢的质感。然而真正让你觉得好用并且继续用下去的产品，取决于你的生活习惯。

天天洗头 vs. 能不洗就不洗

曾经与一位亲口承认不爱洗头不爱洗澡的编辑，一起工作了四天五夜。除了第一天她长发蓬蓬飘飘，之后的几天，全靠发夹、头箍、围巾把头发安顿得“服服帖帖”。最后一天庆功宴前，她终于洗了头。确切点说，是只洗了刘海，后面梳了一个光滑油溜的发髻。

我怂恿她去试各种头发干洗喷雾，混合了丰发喷雾与爽身粉的概念，直接喷在发根，按摩头皮，有助吸去油腻，盖住油耗味，梳掉多余粉末，发型也看起来比较蓬松。

从此一发不可收拾。

她从几美金的 Batiste（碧提丝）、PSSSSST（头发干洗喷雾）到二十几美金的沙龙品牌 Rene Furterer（馥绿德雅）、Klorane（蔻萝兰），从无香的干发喷雾到薰衣草或茉莉香的有机凝露，统统买齐，用了个遍。她的总结是:“都差不多，只要不用洗头，什么都好！”到了非洗头不可的时候，她就用医生处方规格的药剂配方深层清洁，再做发膜护理。如此这般把中国产妇坐月子不洗头的古老习惯贯彻到日常生活，实在是太奇妙了。

一定要我选的话，Philip B. Russian Amber Imperial Dry Shampoo（非

利普 · B 俄罗斯皇家琥珀干洗喷雾）会是我不得已时的干洗选择，因为比较像洗过一般自然，喷出来湿湿的，干了以后头发蓬蓬亮亮，又不黏腻。复古风的有机干粉，包装蛮可爱的。

因为我呢，是另一个极端。我每天洗头，有时候甚至早晚都洗头、吹干，不厌其烦。我这么笃信睡“教”的人，为了好好洗个头，早起一个小时，晚睡一个小时，也在所不惜。

也正因为我每天洗头，所以我用的洗发露和护发素，大都是淡淡的温和的，边洗边按摩头皮，把头发拨开，多冲一分钟彻底冲干净。

勉强要我说为什么每天洗头的理由，大概就是：每天洗头有利于观察自己的发质变化，适时调整使用不同功效的洗护产品。我目前轮流在用美奇丝洗发水与护发素，台湾有机洗护品牌欧莱德的竹萃保湿洗发及润发产品，以及 John Masters Organics Lavender & Avocado Intensive Conditioner（约翰有机薰衣草和鳄梨强化护发素），洗后发丝轻盈干净柔韧有力、发根蓬松。有时也会用婴幼儿使用的 Aveeno Baby Wash & Shampoo（艾维诺婴儿沐浴露洗发水），头发洗得软绵柔顺。

除了洗护产品，我在头发上的投资不算多。因为不染不烫也不上电卷棒，平时任何美发造型产品都不用。但是，投资一把优质的吹风机很重要。之前用过的 T3，很专业。现在用松下 NA96 纳米负离子静电吹风机，这个系列更新换代很快，应该又有新款了。共同特点是机身不重，吹干超级快速，不伤头皮。

头发的光泽全靠彻底从发根到发尾细细梳通头发，这是使头发健康应有的条件。最多在发梢轻拍两滴护发油，上 5 分钟海绵蒸热卷，随手抓乱，长发软软弯弯的，偶尔卷成发髻插个发簪了事。

在我眼中，那位编辑友人这么多天不洗头，就算头发干洗后不脏不油，头皮怎么可能健康。她则担心，像我这样每天洗头，头发大概很快会掉光，或者像老人家们说的会患头风。

事实上，这么多年来，我仍旧一头蓬蓬长发，也没头痛。她呢，头发头皮也还在，没秃头。

所以说，大家都不必评判谁对谁错，也不必试图感化彼此，或妥协折中。只是两种截然不同的生活习惯，决定了不同的日常保养选择。

这基本上解释了，为什么同一个产品，有人用了惊为天人，另一些人可能完全无动于衷。

卸妆洗脸，是另一个壁垒分明的世界

喜欢卸妆归卸妆，洗脸和洗头、淋浴一起进行的我，要的是细柔的卸妆过程、流动水的冲洗与温和清爽的洁面结果（蛮矛盾的，我知道）。

关于卸妆，之后会有一篇详谈。

洁面部分，我比较偏爱洁面泡沫类的。比如，IPSA 舒缓洁面泡沫，Fresh 玫瑰保湿洁面泡沫，欧缇丽葡萄洁颜慕斯。无须在手上揉开，质感也很温和，洗完脸蛋摸起来像一只光身的水晶杯。

喜欢的洁面皂，贵的有肌肤之钥极致洁面皂，揉出细细绵绵的泡沫，在脸上按摩，越来越柔柔嫩嫩，很容易爱上洗脸这回事。平价的艾维诺清澈肌肤泡沫洁面乳膏使用十分温和的燕麦配方，有细微的天然颗粒，顺便帮助去死皮。

玉兰油有一款洁面布，英文名叫“4-in-1 Daily Facial Cleansing Cloth”，不同配方针对不同肌肤。想把不安降到最低的话，选给敏感肌肤用的无香温和敏感肌版本。遇流动温水揉出适量泡沫，布的一面可以轻微去角质，另一面用来冲揉干净。

洁面界的革命性产品科莱丽声波洁面仪，每晚一次或隔天或一周两次使用，并不会伤害肌肤屏障。

总之，观察皮肤所需、交替穿插调整着使用，皮肤反而被训练得比较安分守己。

但是，喜欢将卸妆与洗脸合并，或者洗脸不洗澡的，就非常适合用干手干脸按摩的Eve Lom（伊芙兰）经典洁颜霜，搭配“网布网”交叉织成的“muslin cloth”（玛姿琳棉布）热敷三遍并按摩，再冷敷一遍。

这其实就是按摩院洁面手法的家庭化。因为传统按摩院不可能把客人的脸按到水龙头下用流动水冲干净，所以通常端一盆烫水在一旁待命，半干洗后，绞一把热玛姿琳棉布一遍遍地边敷边溶解，并拭去污垢。也正因为水温太高，容易把毛孔撑大并引起红肿，所以最后需要冷敷收缩毛孔镇静肌肤。这也是很多人使用 Eve Lom 卸妆膏时都忽略却最重要的一环。

这种洗脸方法，对我来说，最大的挑战是“烫”。照品牌逻辑，绞热玛姿琳棉布效果最好的，是用烫到冒烟的水温，所以布一直泡在一盆热水里待命。我试过用手指甲伸进水盆里撩那块布，已经觉得很烫了，很难有勇气好好地用双手趁烫时立刻绞干，再敷到脸上。何况在这般烫水里，要进进出出一共三次。所以我往往是等布有点温了，不太冒热气了再绞干，辜负了设计这个产品时的好意。

我不怕麻烦，但是怕烫。所以想想一个月去一次按摩院，由护理师服务，还是蛮有必要的。况且如今一些比较新式的按摩院，在装修护理套间时都安排了淋浴间与洗脸台，护理师每次绞都是干净的流动水，已不再需要端一盆水进来从头用到尾。

Eve Lom 品牌官网视频演示的，绞到第一次的时候，水已经混成灰色，聪明的它现在已不再把绞了第三次后的水况展示出来。

所以综上考虑，这款并不适合我的日常生活习惯。跟产品本身是没什么关系的。但是我相信很多模特、女星在拍摄现场需要换妆，又没有充分盥洗的空间和条件的话，Eve Lom 卸妆膏是会比粗暴地用卸妆湿纸巾，对皮肤更加友善。这也是很多模特、女星爱用 Eve Lom 卸妆膏的起因。

Eve Lom 卸妆膏因为是以油分溶解彩妆的概念洁肤，脸会有一种柔软的感觉。这是油分起到的作用，等于你给旧皮鞋上清洁油和鞋油是一样的道理。但是，如果对矿物油过敏，就需要回避了。

Eve Lom 晨间专用的洁颜乳，也是干手干脸按摩全脸，等待乳膏在脸上充分溶解的两分钟时间刚好可以用来刷牙，特别适合起床后只够时间洗脸刷牙就冲出门的急旋风。对我来说，这款可以在走进淋浴间前使用，在淋浴时冲干净，不过需要花点时间习惯那个洗完脸上有层“膜”的感觉。

每个人的作息时间不一样，也很正常

我们都知道中医“日出而作、日落而息”的健康养生规律，西医将类似概念称为“Circadian Rhythms”（昼夜节奏）。

但是，对生活在当代的你我来说，作息时间按照日夜分界无疑是一种“极权统治”。

我们的社会鼓吹“行行出状元”、时尚推崇“个人风格”、思想包容“异族文化”，又何必在“睡眠”上完成统一大业。改变作息时间，即使是一件对的事，却未必是快乐的事。

我认为，一个不快乐的生活习惯，最终也不会养出什么好肌肤。

这时候就很有必要利用保养品防范一些肌肤困扰，有效控制问题的产生。

我有位长期读者，从 21 岁读医学院没日没夜地实习，到现在快 30 岁成为急诊室医生，一直使用雅诗兰黛调整肌肤昼夜节奏、加强修护的“小棕瓶”精华，2013 年底她看了我的推荐，开始搭配微精华。后来自豪地在我微信订阅号后台留言：“看着周围人的脸上慢慢显现岁月的痕迹，而我依然故我，一夜不眠的夜班过后肤色依旧明亮。”

你瞧，任何看似不正常的生活习惯都不缺生存之道，这也正是这个世界继续运转下去的魅力。

想要健康发质，你就得好好地耐心护理啊

或许跟着我一起成长的读者们，看我数十年如一日留着长发，印象深刻。随意的自然卷，发质看起来也还不错，发色介乎深褐与亚麻（取决于“光线”），折射出淡淡光泽，而不是像上了一层“涂料”。以至于我每次贴出的生活照片，最常引来的询问（榜单前三名），一定是关于头发。

我其实也是经历过护发的低潮后，才渐渐摸索出一套顺畅的方案。最终得出结论，除了用对好的产品，还需要耐心地洗干净，常常换产品。

我小时候，发量不多，头发细细柔柔的。外婆觉得头发柔软的女孩子，脾气好命好。奶奶很担心我的头发不够丰厚，梳发髻吃亏。老保姆把帮我洗头当成一件大事在做，总是把指甲修剪洗干净后才帮我洗头，温柔地用指腹抓洗好久。我又非要把满头泡沫堆成座小雪山，然后照着镜子咯咯笑。洗完

用大毛巾按压干、阔齿梳子梳通，清爽得不需要任何美发产品。渐渐地，头发越来越蓬松丰厚，发质柔韧。后来老保姆告老还乡，我也长大了，头发越留越长，每天毫不怠慢地在冲凉时搓洗一把长发，却找不回那种“舒松丰爽”的感觉。每到头发分叉打结，我总以为头发太长发质太干，于是加倍地使用滋润度高的洗发水、护发素、发膜，定期修剪发尾。头发不听话时，各种发胶也都没少用。发质的柔顺度，的确有所改善，但是头皮很容易油腻，一把长发的尾稍却显干。洗完吹干后的直发，总是显得塌塌的。

直到大学时候上生物实验课，与几位同学拔了各自的头发在显微镜下做鉴定，才发现自己是油性头皮、干性发质。修发尾治标不治本。用太滋润的洗发护发产品，虽然有助暂时柔顺发尾，却加重头皮和发丝的负担。这些都是长发女郎最普遍最根本的问题。

这些年，我不断调整护发方案，遵守着一些原则，也打破了一些惯例。我依然每天洗发、吹干，长发的发梢近年分叉越来越少，一年只需修剪两次。如果你觉得我头发的轻柔度、发丝的光泽及质感还不错的话，或许我的心得，值得你继续看下去。

（1）没有必要成双成对地买同一系列的洗发水与护发素。

如果头皮略油、发梢显干，十分适合使用中性洗发露，搭配修护型护发素。每次洗得彻底，又能保持头皮透气畅通，也加强滋养柔顺发梢。

我喜爱有天然防菌功能、呵护纤幼发丝、有助增加发量的草本洗发液，如 Aveda（艾凡达）迷迭香薄荷洗发液、约翰大师有机薰衣草迷迭香洗发液、欧舒丹草本疗法修护洗发露。

高效保湿护发素，如科颜氏橄榄油滋润护发素、约翰大师有机薰衣草鳄梨深层滋养护发素、天然有机矿物护发素，质感绵柔丰润，稍许的留香也很高级。

（2）健康头发，始于健康头皮。

Aveda 品牌创办人 Horst M.Rechelbacher（霍斯特·雷谢尔巴彻）早在 20 世纪 70 年代末就提倡，健康的头发要从调养头皮开始，保障供给发丝优质的养分。我建议洗发时多用指腹按摩抓洗，促进头皮的血液循环，清洁发根，增加发囊的透气度。

Rechelbacher 先生近年又开发了最高规格的有机保养品牌 Intelligent Nutrients（纯天然有机护发），其中，免冲洗护发素有中和乳酸分泌的作用，是唯一兼顾滋养发梢保养头皮，又可当护肤乳使用的多功能产品。约翰大师有机深层头皮护理与丰盈喷雾则更具针对性，含百里香、山金车花、车前子等多种成分。把它喷入头皮，并配合从前额到后脑的简单按摩，吹干后，仿佛又找回了童年那种“舒松丰爽”的感觉。

每周一次在洗发前，先用馥绿德雅 5 号复合护发精油，按摩头皮 5 分钟，能溶解堆积老旧的蛋白质，唤醒发囊，活跃发根，减轻头发的垂重，并舒缓头皮的不透气感。

这几款能缓减掉发，但没有增加发量的功能。

需要注意的是，有些重点清洁头皮的洗护产品，第一次使用后，那种清爽感觉立刻令人惊艳。但如果每天使用，不出几天就会觉得头皮越来越干，甚至飘起了头皮屑。千万别贪恋一时间的舒适和迷信某些赞美，注意酌情使用。

（3）有机产品不是万能，适当地换用产品、多方吸收不同养分才是关键。

坦白说，我个人反感以“有机”作为加价的卖点，我也不认为有机是最高级最完美的产品。这始终是一个“山外有山”的世界，有机的品质还有很大的进步空间。如何在可达的范围内，聪明地结合有机与非有机，理性使用，化解缺憾，才是当下应该有的态度。

有机配方“没洗干净”、手感莫名“脏腻”，都只是错觉，避免使用过量。

非有机产品中的“硅”有很多优点，比如保湿、柔顺、轻盈。但一些厂商的滥用，导致大家对“硅”有太多的误解。

我建议选用合适的好产品，每 3 ～ 6 个月轮换有机及非有机洗发润发等产品，吸取不同养分，这样发丝才会有活力。

（4）酌量使用发膜、发油。

不要因为发膜营养成分高，就以发膜取代每天使用的护发素，那样只会加重发丝负担，也容易令头皮透不过气来。如果你每天坚持好好地耐心地洗发护发，其实并不需要常常用发膜。

最近几年“油”卷土重来，从润肤油到润发油，就连面、发、体全能油也集体出炉。这些“油”的问题是，真的很油！一不小心用多了，头发一绺绺地像“面条”。而且“油”的残余味道本身有股老人味。最多用两滴就够了，趁半干半湿润时，按在发梢。欧树、凯伊黛、卡诗、约翰大师有机物、有机家族的护发油，都是不同价位的好选择。

（5）每天洗头、用优质吹风机吹干头发，不会伤害头发。不洗、不吹干，才会有问题。

我坚持每天洗头。洗发水与护发素用量不要多，分别冲干净后，再多冲一分钟，才叫真的彻底。

洗发后，用阔齿梳梳通头发。必须连发根都彻底吹干。对的，老人家们说头发湿湿的容易生病、容易头痛等等，或许有他们的道理。但，我的重点不是“养生”，而是彻底吹顺吹干的头发不会毛躁。所以投资一把优质的吹风机：轻巧、快速吹干、不伤头皮、养护头发，很重要。

（6）梳出发丝的自然光泽。

养成早晚一边按摩头皮一边梳通头发的好习惯。

隔天把长发一绺绺地分开抓起，用 Kent LC4（英国皇家肯特）品牌的猪鬃梳从发根细细梳通，发丝间自然会有润度与光泽。与不管怎么样都梳得通的魔法梳不同，现代人初次用猪鬃梳并不容易习惯。这也需要一点天赋与缘分。

（7）不要自己闲来无事乱剪分叉的发梢。

普通剪刀，绝对没有理发师的专业剪刀锋利。随便乱剪发梢的结果，发面反而会被撕裂（我在显微镜下亲眼所见的差别），使分叉的程度恶化。

如果有分叉问题，我建议每 4 周请发型师做一次“空气剪”，像没有剪一样地修整发梢与层次。大概 3 个月后，就会有明显的好转。

（8）切忌钻牛角尖。

护发比护肤难很多，也需要更长的时间。因为肌肤有一个类似“呼吸”的机制，可以一层层地吸收养分，进行新陈代谢，带给肌肤即时的饱足与充盈感。但是护发急不得，一味地往头发上招呼大量的护发产品，越抹越容易陷入“油头干发”的恶性循环中。

如果可以的话，尽量从少烫少染开始。就算是有机染发剂，对头皮伤害比较少，但它着色不持久，这意味着染的次数更加频繁（甚至一周一次补染）。该来的白发，总是要来的。切忌钻牛角尖。

按摩头皮有没有用？有，但那只是帮助放松紧张情绪，对护发本身没有直接效果。

（9）头发疾病要趁早看医生。

已经有研究证明，脱发的原因来自遗传及荷尔蒙分泌失调。至于真菌感染的大片头皮屑，则需用医生处方的仁山利舒药物洗发液。这些问题都不是换个护发产品可以解决的。尽早看医生，请勿耽误治疗。

素颜太假，所以我化裸妆

我认为护肤和化妆一样重要，而且是相辅相成的。

说起来挺讽刺的，越是皮肤好的、平整光洁的，粉底用上去越是漂亮。但是，很多人会误解，养好皮肤不就是为了不化妆、素颜吗？然而真正的素肌会泛油会反光，拍照时反而不好看。

现在的粉底品质整体越来越好，对付细纹、干纹什么的，已经不太有卡粉的问题，而且更注重光源，让面部更均匀、有层次，也让肌肤如白瓷般的细润饱满。

反之，皮肤坑坑洼洼的，想靠粉底填补遮掩的，往往越弄越糟。那些凹凸不平，在粉底之下显得特别特别的苍老悲情。

干脆把心一横、嘴硬一点，用素颜挺过去，上海人说“横竖横”（发音“王丝王”），我想也是个破锅不怕砸的办法。

皮肤不好，化妆不会好看。如果再加上糊墙式的保养，整个就崩盘了。皮肤底子好的女人，配上薄薄的保养，化妆最是自然好看。真的就是这么讽刺。

既然谈“化妆”，就不得不说，我对素颜，不是特别有兴趣。

但是，我赞成，女人应该习惯自己的原本面貌，也因此要懂得更好地照顾自己，有一种拿得起放得下的从容。就算是临时外出赶一些零碎杂事，真正素颜遇到前男友、宿敌也不会懊恼，更不会匆匆在路边的大窗前被自己的样貌吓一跳。

我的肤质：中性混合，T 区偏油，偶尔有一粒痘，没有人为的问题。

粉底有很多种选择，粉饼、粉霜、粉底液，现在还有各种 CC、BB、气垫，以及它们之间各种的排列组合。

我比较偏爱“粉底液”，虽然它需要用海绵，比粉饼麻烦，但是整体通透，从贴合度来说，粉底液最美最自然（化妆师一般会用粉底刷，我只是觉得日常用这个，“仪式”太隆重了，有点吃不消）。

很多人觉得“粉饼”方便，但，粉饼对我来说，太干了。而且，妆感重。

不介意粉底霜太润太重的话，可以用粉底霜，上镜时会显得妆容很精致。

CC、BB 其实就是润色 / 有色霜，我很喜欢它们的自然修饰，但是，对真正要“有妆”来说，还是略有欠缺。

至于“气垫”，我觉得是介乎“粉饼”和“水粉霜”，并“试图”将两者取长补短（重点在“试图”）。不过，妙就妙在，市面上的“气垫”粉底通常含防晒成分，系数还不低，非常适合日间补妆，省却了补妆要不要补防晒之类的纠结。

我对粉底液的诉求是，妆容看上去似有若无。

粉底液的妙处有很多，比如：通透，自然，轻盈，细致，微润，不油，有光泽，但不会亮闪闪，透气度好，容易上妆，肤色不转深，卸妆洁面后肤质比不用粉底的感觉细柔润……但总结起来，不外乎是明明化了妆又说不出到底用了什么的“似有若无”的状态。

与你分享，我最常轮流使用的五款粉底液

CPB 肌肤之钥光缎粉底液 SPF24/SPF25

日本资生堂旗下肌肤之钥的粉底，以色泽的密度，来提高修饰肤色的效果，而不是以质感的厚度去遮掩肌肤瑕疵。尤其是粉饼和粉霜，让妆容非常精致，是典型的上镜妆。90 年代，我从洛杉矶飞上海时，曾经特别安排到东京转机，就为了替女性长辈们在免税店买肌肤之钥粉饼。可见忠实粉丝有多痴迷。但是以现在“通透自然”审美角度来说，光天化日之下用粉饼和粉霜会显得“发生了什么事”的突兀。

直到好多年前 Cle de Peau 推出一款 Refining Fluid Foundation 粉底液（即 Radiant Fluid Foundation 光缎粉底液的前生），薄薄透透，高清自然妆效，带很细微的水润，看得到光泽，但是不会觉得闪亮亮，让气色和肤色看起来都清澈干净，是理想中的年轻与幼嫩质感。

用隔离打底，比单独使用粉底液，妆容更贴合自然，肤色也不会转深。

所谓“高清”就是以色泽的密度，提高修饰肤色的效果，而不是以质感的厚度去遮掩瑕疵。在光线很好阳光灿烂的地方，并不觉得这款有什么了不起。但是到了上海那些天色灰蒙蒙、没什么通透感的阴暗日子，用这款就会显得肤色透亮有活力了。

欧美标是 SPF24，亚洲标是 SPF25，这也是我旅行时比较常带的一款。粉底之前用海蓝之谜清透修护防晒隔离乳 SPF50 打底。整个妆感十分轻、薄、细。

雅诗兰黛白金级奢宠臻采粉底液 SPF15

这是雅诗兰黛最高端的白金系列粉底。同系列的面霜加精华总共是一千多美金，以至于我好意外这款“白金粉底”的价格只有十分之一。（是，我知道“只有”这个词不能随便用。）

这款有最美的雾光妆效，肤质和肤色极度细致，视觉上和质感上都显得十分柔润。

质感不是水水的，但是足够轻盈，非常容易推开，很服帖，不脱妆，肤色完全不转深，遮瑕效果足够自然、恰到好处。

用不同的底妆或隔离，会有不同的精致感，但单独使用也十分精致。

光线好的时候，有种素雅的美感。天色不好的时候，拍照尤其美，好像放了滤镜、修过片一样。

这款粉底液打动我的另一个原因是很“护肤”。换句话说，用了这款粉底，卸妆洁面后，比不用这款粉底的洗脸后，肤质更佳。

这款是 SPF15，一般来说在都市上下班、约会、小聚、坐车出门走一走，足够了。晚上有活动需要化妆时更是绰绰有余。若在外面待比较长时间，我会用海蓝之谜清透修护防晒隔离乳 SPF50 打底。

这款是我拍照、上镜时的必备款，精致，又不会显假。

香奈儿米色亮肌粉底液 SPF25

2016 年 6 月黄梅天的日子，我应邀飞到上海迪士尼乐园参加正式开幕活动，一连三天都用了这款香奈儿米色亮肌粉底液。

只需一滴到一滴半的分量，无名指与中指指腹在全脸点开，边弹边按，就能完美推匀如第二层肌肤。涂抹时有粉底液的轻盈顺畅，接触到肌肤表面的温度后，又像润肤乳那样滋柔，与肤色融为一体。薄透湿软的质感，脸庞舒适得感觉不到粉底的存在。

看多了加滤镜的照片，更倾慕自然光线下的生动肤感。我选了与我肤色

最接近的 #12 Rose，矿物因子光泽，有恰到好处的粉嫩，加上柔焦效果，妆面清爽不油腻。SPF25 防晒的适用范围最广，在各种光线背景下都不唐突，既上得了“旋转木马”“公主城堡”，也下得去“加勒比海盗船”。抗氧化做得很到位，肤色持续稳定不转深，午后略微补妆，越发干净均匀。入夜在明日世界园区跟童年好友登上全世界最高速的极速光轮飞驰，霓虹灯映照下的肤色依然如新。

最值得一提的是，坐完“雷鸣山漂流”，全体被淋得像落汤鸡，很多常联络但不常见的媒体友人们一路上大呼小叫，我也直嚷嚷着“我不是来卸妆的”。初相识的网站女编辑好奇地望着我：“你有化妆吗？”我顿时乐得大笑。

对任何一个爱护肤又爱化妆的女郎来说，似有若无地化了妆却连同性都以为是素颜，正是最好的恭维。谢谢香奈儿。

凯文奥库安精华粉底液

我们现在所谈的自然妆、无痕妆、简洁自然妆容，甚至诈骗素颜、伪素颜，或者再详细一点，完美贴合肤色、薄透轻盈无面具感之类的现代妆容之诉求，都是缘自已故化妆师凯文·奥库安在 20 世纪 80 年代所倡导的“精致纤幼的中性简洁妆效”，也为很多化妆师打开了一条康庄大道。虽然他推出个人同名品牌比较晚。同时，很可惜，他英年早逝。

这款粉底液，使用前需要用力摇匀。很薄很薄，薄到水汪汪，有护肤成分，质感是柔润的。

这个品牌的色号，不是完全按深浅分的，所以很难形容。网上的颜色通通显深。最好是去专柜试。我用 4 号和 5 号。

典型的“无痕妆”，也没什么遮瑕效果，我总是留在肌肤状态最完美的时候用。尤其是上完妆，再用同品牌刷子快速转一圈，像抛光那样，尤其光洁细致。

我建议在之前用一个含防晒功能的漂亮底妆。

汤姆·福特防晒致透无痕粉底液 SPF15

继 2004 年高调离开古驰之后，汤姆·福特与美国高端美妆龙头雅诗兰黛集团合作，凭着香水及美妆系列几连环的强棒出击，令业界耳目一新。其中最受关注的，毫无疑问是唇膏，重新定义奢华之美：色感最纯、浓度最高、质感最佳。其实，它的粉底，真是美得亮丽，呈现无暇肤质，才能衬托令人怦然心动的色泽。

这款“致透”无痕粉底液，完美无瑕的裸妆效果如第二层肌肤，我喜欢的色号 #Fawn 适合大部东方肤色。另有遮瑕效果更高的完美致臻版本。

与你分享，我最喜欢的两款底妆

Chanel Base Hydra Lumiere
香奈儿保湿光彩妆前乳（SPF 30/PA+++）

这款就是我说的“有 SPF 并且很漂亮的底妆”，使用后肌肤看上去晶莹白皙，肤色有光泽但不油腻。初抹匀时，略比肤色白皙。但只需要让它与肌肤温度自然融合，立刻通透起来。肤色调整得很完美，甚至不舍得用太多粉底液遮掩。这之后，就特别适合凯文奥库安这类极其薄透的粉底液。

偏爱自然、不在乎妆容持久度的，就直接用一点点遮瑕膏修一修，一点点散粉定妆。

很多东方女郎选温和型“隔离”“防晒”产品时大多会选 SPF30。这款美国没有售，也是品牌并不太张扬的一款底妆，却是我每次亚洲行的必买品。

Burberry Fresh Glow Luminous Fluid Base
巴宝莉高光妆前乳

我用的色号是 No1 Nude Radiance（裸色光泽一号）。

简单说就是一款有光泽不含 SPF 的底妆，从内到外的透亮，抹在脸上有种水润质感。适合在干燥的日子里，辅助一些清爽又很漂亮的粉底液。或者之后搭配淡淡雾光、润度适中的粉底，让妆效精致得更有亮度。

如果是超级油性肌肤或者对一点点光泽感都无法容忍的话，大概与这款无缘。

与你分享，我最喜欢的遮瑕膏

CPB Concealer
肌肤之钥遮瑕膏

这一款是对新手来说都没什么难度的遮瑕膏，很薄很贴又容易抹均匀。

十几年前就在杂志专栏推荐过，也早在微博诞生初期分享过。一直好评如潮。

哑面质感，不会反光。爱拍照或者需要面对各种角度、不同摄影器材的明星，会懂这个无死角、无光差的细节有多重要。

我推荐用 Laura Mercier（罗拉玛斯亚）的遮瑕扫，力度够，又比较细，更准确。肌肤之钥自己的遮瑕扫，反而较粗大。

可惜的是，现在这款的包装材质远不及许多年前旧款的金属管包装来得干净牢靠。

淡然的美：一点点弯弯的自然卷

个人特色分两种。一种是，别人会记得，但看在眼里未必舒服，以至于不愿意模仿，可能这种特色就到这里结束了。另一种是，别人会记得，看在眼里觉得很舒服，于是很积极地想模仿也更想了解这个人，这种善意的感染力，姑且称为“个人魅力”吧。

我常被问到的是：

“你的卷发是烫的吗？”

“卷发怎么可以看起来这么自然？”

“你每天洗头，难道也是每天卷头发，需要花多少时间？”

“我用电卷棒，但是很伤头发，你怎么做到每天卷发还不伤头发？”

“头发卷好后，用不用发胶？”

“什么时候可以说说卷发？”

更多的是直接往我微信公众号的后台发送关键词“卷发”。

实话是：

我天生是直发。数十年如一日的卷发，从来不是烫的。

对，我每天洗头发，每天上卷。卷发只需两分钟。

我从来不用电卷棒，所以不伤头发。

我也不用发胶，因为我喜欢摸起来素净的头发，喜欢手指顺利穿过发丝的柔顺，没有任何的虚情假意。

FASHION SHOWS
RARE BIRD OF FASHION

不过，我头发的卷度在发型师眼中十分小儿科，一定不及格，更不是走红毯艳光四射的大波浪卷。

我所谓的“自然”卷度，只是一点点弯弯的，随着一整天日晒、风吹之后，凌乱中还留有少许弯度。

要达到这个“卷度”，并且一定程度地保持这个“卷度”，需要个人发质和发量的支持。换句话说，如果你尝试后，效果不同，纯属正常。

什么样的发质适合自然卷发?

想要头发卷得自然天成、漫不经心，头发本身不能太厚，不能太少，不能太长，不能太短，不能太硬，不能太软，不能保养得太滋润滑顺，久经染烫折腾的发质太干枯毛躁，那都会让头发卷度不持久不自然。

最好不要用护发油，因为护发油虽然会使头发有光泽、更滑顺，但是上完卷子后头发一揪揪地好像没洗头。

换句话说，一切都是“刚刚好”的程度，才能让卷发自然，并且一整天都很自然。

发型修剪出层次。

卷发之前，请发型师帮忙把头发剪出一个层次。

发量太厚的话，该打薄的地方要打薄。

外面那层要稍微短一些，后面呈圆弧形，卷发才会够飘逸，才显得有弹性又自然，凌乱时也有型。

投资一款优质的吹风机。

我习惯每天早上洗头、吹干、上卷。

投资一款不伤发质、不伤头皮、快速吹干的吹风机很重要。

因为一定要吹到发根发尾都完全干透，卷度才能定型。

温度太低、吹干速度过慢，头发反而会毛躁干瘪。

我以前用 T3，现在用松下 NA96 纳米负离子吹风机。NA96 可以选择热风，一路吹到干爽，也可以根据室温自动控制送风的热度，整体吹到七八成干的时候，调到吹头皮模式重点吹干发根和头皮。

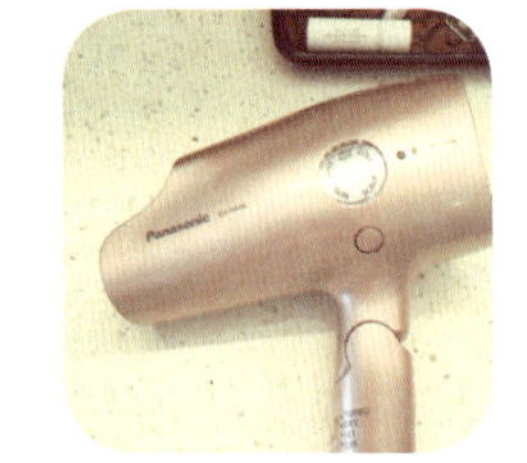

吹完后，头发立刻就有很自然的光泽，发面顺滑，但又不会滑不溜到难以控制。

最重要的是，NA96 很“养护”头发，不会产生依赖。用一阵子后，就算出差不带着它，头发也很听话，这才是一把好的吹风机的关键要素吧。

与你分享，两种发卷可以达到“自然卷、不伤发”的效果

（1）等待时间最短：负离子蒸汽卷

原理：靠水蒸气加热卷发。

适合：早上洗完头、吹干后使用。

优点：快速，自然，不伤发质。

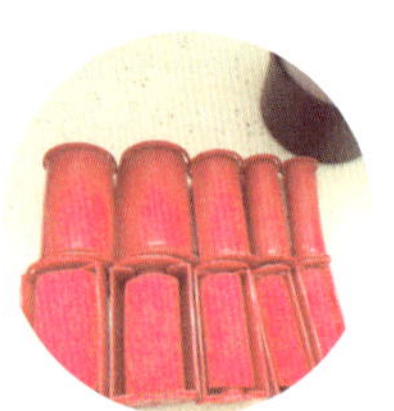

以我个人刚刚好的发量、发质和经验，我只需给头发上 5 个超大号卷，2 分钟搞定。

接下来，差不多 10~15 分钟的化妆时间，待卷发器冷却后取下，手指随便把头发拨乱，卷度最松柔自然。

想要更卷的话，可以等待久一些或者用超大号搭配大号与中号发卷，自然程度也相应打点折扣。

不管怎么说，这毕竟是蒸汽卷，等 30 分钟就差不多是卷度的极限，再等下去也不会更卷或更持久。

二十多年来，我用了好几代的蒸汽卷，市面上所有的版本我也都试过一遍。大实话是，其实都出自一两家工厂，专业名牌不如开架牌子，品质一代不如一代。

所以，买到了的话，不要期待太高。买不到，也没多大损失。

我最常用的是沙宣负离子蒸汽卷，十年前的版本，现已停产。

最接近的版本是露华浓蒸汽卷，但因为是美国制式，在中国使用的话需要变压器转换。

号称专业的 Caruso（卡如索）品牌，很容易买到，各种组合也多，可是质量奇差，热度不稳不均，影响卷度，朋友中最离谱的例子是，用了不到半年就坏了。

不过，Caruso 旅行版本是双制式电压，到哪里都不需变压器，可是 14 个卷中仅 2 个是超大卷号，好在这几个品牌的蒸汽发卷可以通用。

（2）价位最亲民：草莓卷

原理：靠扭力及时间，缠卷而成。

适合：晚上洗头、吹干、上卷，过夜。

优点：平价，轻便，自然，完全不伤发质。

理论上没什么技术含量，但是可以尝试不同的上卷方式，熟能生巧。晚上上卷，隔天早上起来，头发顺滑有光泽，卷度自然柔软，手指拨散就是超模凯特・摩丝行走江湖二十载的 bed-head hairstyle（理想中刚刚起床的发型）。

可是，我头上放那么多东西，会睡不着。再者，我习惯早上洗头。

所以，我只有在十分清闲的早上或者一整天宅在家里晚上出门的情况下，才会使用草莓卷。

我喜欢先把每股头发旋转卷成细长条，再上草莓卷夹紧，一般中等发量 6 个草莓卷就够了。

最起码要等一个半小时，间中用吹风机加热，可以加速卷度的定型。

多国旅行，需要轻装上路又不确定各国电压制式和插头的时候，草莓卷是很好的备用品。

与你分享，我用发卷的心得

发卷的共同优点：自然、不伤发。

发卷的共同缺点：卷度不可能像电卷棒那样持久，受各人发质差异的影响也较大，在海边潮湿环境下，无法持久。

我个人经验：一般来讲，卷度维持大半天没有问题。我的发质恰巧很幸运地适合这两款发卷，到晚上还有弯弯的卷度。加上，我本身宁可卷度弱一点自然一点素净一点，也不喜欢用定型发胶把头发搞得脆脆硬硬的。但也必须承认，定型发胶可以让卷度更持久。

与你分享，我的自然卷发小妙方：发簪加发髻

“发簪加发髻”的小妙方是我跟法国文艺片女主角学的。她们喜欢梳一种矮矮地盘在后颈的名叫“Chignon”的发髻。可以很休闲，也可以很正式。

梳法如下：

（1）先把头发握成一束马尾。

（2）顺时针扭成一股“猪肠圈”，并顺势形成发髻。

（3）用 4 支玳瑁 U 形发簪，在左上、右上、左下、右下角牢牢夹住。

如果整个白天梳 Chignon，等到晚上约会前，把发簪拿掉，打开发髻，就是最自然最随性的卷发。

如果想要延长蒸汽卷或者草莓卷弄出来的卷度，也可以在下午时，梳个松软的 Chignon，叉一支日式发簪固定，待晚上再松开。又或者反正已经不是太卷了，干脆梳个 Chignon，让弯弯的发尾跑出来，姿态也是漫不经心的精心算计。

左，日式发簪；右，4 支玳瑁 U 形发簪（1 美金 4 支，我从中学用到现在）

任性放纵不是罪，头脑清醒才能继续美

季复一季，年复一年，美容潮流情报都会集中火力又不厌其烦地告诉大家，外清洁、内排毒，除旧迎新；拆新瓶、化新妆，焕然一新；反正，新，就是美；新，就是正；新，就是好；新，就是一切！

我的微信公众号天天有人私信或留言询问：某某新品牌可不可靠、某某新产品有没有用、某某推荐的新品新货新用法可不可信、刚进中国的某某品牌是不是真的、那个很红的美妆买手店为什么看起来像黑店……类似的问题在微博（@Yvonne 奕方）信箱我已经收了好多年。更妙的是，某几家公司也发来私信，询问我微博微信的营销合作、发软文的可能性，连煽动的戏码思路措辞都替我设计好了。末了加一句“重酬”，有些标明抽成比例是零售价的 50%。（有段时期被质疑的几家，共同特点就是试图以“高价”“医学”来洗白污点。）当然，这些品牌和产品，也很自然地进入了我的警惕名单。

其中，面膜和精油，是最常见也最诡异的两个类别。

关于面膜，首先，我是喜欢天天敷面膜的，早晚都敷，已经敷了 20 多年了。面膜，是我保湿、润白、清透、紧致的护肤程序“之一”，不是“唯一”。

2016 年开年第一篇美容专栏，写了《天天敷面膜，怎么敷？》，我的微信公众号后台立刻被各种面膜问题淹没。刚巧事隔一周，台湾某知名综艺节目收官，嘉宾范冰冰在节目上很认真地说起自己很宅。宅在家里干吗呢？她笑着自嘲：“敷面膜啊。”男友李晨在一旁又补一句：“她就是一直在家里敷着面膜。”好友逛专柜后发来私信：“我按照你的文章去买面膜，跑了几家，都卖完了，专柜小姐也心生奇怪怎么都卖完了。”估计年初那几周各大优质

品牌的好用面膜库存都告急。

然而，我并不那么愿意过度地宣传“面膜”。因为自从社交媒体流行，面膜被渲染得神乎其神。越来越多来历不明的面膜爆红，网上各种三无产品，有些还卖得奇贵。营销手段也越来越文艺，聪明地知道不标榜效果，而是秉持着“不求有功但求无过”的宗旨，建教、创党、抱团。

可是，如果好皮肤只需靠敷面膜，那么美容界还推出其他东西干吗？！

精油，则是一个我敬而远之的类别。主要是我不懂精油。我个人对住在中药铺也没多大兴趣。但是精油的意态很美，经过这些年天然、植物、自然、有机、汉方、芳疗、草药这些风潮的加持，更容易受欢迎。有些精油有治疗作用，也有不少精油是造成过敏的诱因，令护肤复杂化。大部分复方精油留下的气味，比很多最香的护肤品更深更久，有人很爱，有人难以接受。

精油界近年也是蛮拼的，一边甩书袋超越“身心灵”，另一边找人推荐的方式龌龊离奇。比如，生理期、阴道痒、开会来不及换护垫，都靠滴几滴精油！这连最基本的常识、个人卫生都谈不上，简直已是病入膏肓。

所以我对精油的态度是，如果有些问题可以用精油之外已经行之有效的方式解决，那么在搞清楚精油之前，先敬而远之吧。

究竟为什么，市面上知名、良心、正派的美妆选择这么多，姐妹们（而且还是受过高等教育、自认是高智商高情商头脑清晰的姐妹们）依然对孤冷寡僻的三无产品动心跟风？说到底，还是猎奇心作祟。既被“别人有的我不要”下了蛊，也真心认为世界上有让人长生不老的灵丹妙药，而且会从天而降。于是“三无产品”在新媒体思维的智囊团包装下，会被塑造成力争上游的新品牌励志传奇。

坦白讲，我信任老字号大品牌，我不歧视新入世的小品牌，我也不排斥美容院系列。但，不走正途销售的品牌，都是试图回避法律和大众的监督，推卸诚信的责任，最终的风险一定会转嫁到消费者头上。

换新妆之前，不妨先想清楚，任性放纵不是罪，头脑清醒才能继续美。跟风之前，请先擦亮眼。

与你分享，我个人行之有效的心得

（1）搜索时，输入品牌名字，同时输入“三无”。仔细、理性地阅读负面消息，再决定是否购买。

（2）护肤油与精油是两回事。在没有根除肌肤疾病之前，请勿用精油。

（3）面膜是辅助，不应该是护肤的核心。

（4）越是煽动的措辞和故事情节，越有问题。中庸之道，是最有良知的推荐。

（5）不要相信素颜，尤其是“床拍素颜”。不是美不美、装不装十三的问题，而是这么急着豁出去，没有顾忌、不在乎名誉，说什么都不必信。

眼部保养是一个“希望”工程

事实：眼部周围是全身最薄的皮肤，也是最容易、最先显老的部位。

但是，这句很简单的事实陈述，现在很容易遭到攻击：为什么需要怕老，老有什么好在意的，这么在意才是真正的老态吧。（相信各位都在社交媒体的评论里、朋友圈里看到过。）

所以写到“眼霜”的专题时，我往往是这样开头的：

无论与男女老少异性同性的初相逢或常相见，我总是习惯性地先注意对方的眼睛。眼底是否闪烁着清澈的光芒，眼神是否散发出友善的微笑，眼周的表情和肌肤状况也映射了他们最近过得好不好。相信，我自己的眼底、眼神、眼周，也传递了同样的信息。如此这般短短一秒的接触，无形中为双方接下来的言谈，做了最恰当的铺垫。

说起眼睛之美，脑海里倒带般地浮现出婴儿时期的傻萌、少女时代的纯真画面。那些单纯直白到尽管毫无内容也无须深究却无价的美，当然还有一去不复返的光洁细嫩紧致的眼周肌肤。

随着年龄渐长，表情、心情都变得更加复杂，眼周无可避免地浮现细纹，甚至眼袋、黑眼圈也接踵而至。所幸，历练的累积也逐步圆融了自己的个性。在平凡的日常中，知道什么必须坚持、哪些要学会抛开，保持快乐、温柔、友善的生活质感。此时的眼睛之美，正如意大利殿堂级女星索菲亚·罗兰所言，“美丽发自内心，眼睛是心灵的窗户”，美丽尽在不言中。

的确，一双诚恳含笑的眼睛，最有魅力，可以让人忽略皱纹、眼袋、黑眼圈的存在，抗衡岁月的无情。我心目中的典范，是《上海生与死》的作者郑念。封面上的她，已是饱经风霜的70岁高龄。事实上，因为她出身名门，以及作为富商之妻、外商总经理的身份，1966—1973年被名不正言不顺地关在上海第一看守所的监狱里。有别于其他有着同样遭遇的老人，郑女士对莫须有的指控坚决不认罪，与当权者周旋到底，身心经历巨大的迫害与折磨，出狱后又为独生女的冤死奔走。她眼睛周围深刻的鱼尾纹与沉甸甸的大眼袋，使她的容颜看起来比实际年龄更加苍老。然而，她对生活的不放弃，对信念的坚持，抛开过去重新活得更好的决绝始终陪伴着她。就像英文有句俗语，“如果你不懂得哭泣，你眼睛的美极有限。”岁月掩不住郑念眼中的笑意盈盈，以及随之从眼底透出的那份气度、温柔与雍容。

眼部的问题，很难逆转。所以，我常常戏说，眼部保养是一个“希望工程”，关键在于“希望”。有希望，就有美丽。

通常大家谈论的眼部问题，不外乎眼袋、黑眼圈、细纹、浮肿，有些人还有脂肪粒、下垂的问题。

眼部保养品则主攻细润、去皱、紧致、轻盈、平滑、舒展。

但是，每个人的肌肤感受是不一样的，因此不同的人对同一个产品有不同的反馈。

我个人认为最重要、最显年轻，也最容易被忽略的，其实是“眼白”部分。

白皙、透亮、水润的眼白，才是骨子里的年轻，无忧无虑无污染，睡眠充足，神采奕奕，幸福感爆表。

与你分享，我的眼部护肤步骤

步骤 1：洗澡、洗脸后，用天然泪滴液，洗眼睛。

步骤 2：眼部精华打底。

步骤 3：眼霜（有些用滚棒按摩）。

与你分享，我保持眼睛漂亮的心得

（1）保障充足睡眠、提升睡眠质量。

（2）养成良好的眼部卫生习惯，从根本上还原眼睛的“年轻”——白皙、透亮、水润的眼白。

（3）看屏幕超过3小时，适当使用天然泪滴液滋润眼睛，并让双目稍作休息。

Allergan Refresh Natural Tears
艾尔建天然泪滴液

一次性无香无防腐剂无冰凉感的天然泪滴液，保持眼睛润滑，预防感染，净化眼白。

Visine Original Redness Relief
唯视尔眼药水

消除用眼过度及睡眠不足引起的红血丝，并轻微消炎。

提醒：只在必要的时候使用，医生说天天用有可能会瞎！

与你分享，我喜欢的眼部保养品

Chanel Sublimage La Crème Yeux
香奈儿奢华精粹眼霜

品牌最高端系列，精工细制，非常用心。反正还是这句话，贵是真的贵，好是实在好。

这款眼霜的核心成分是马达加斯加香草荚果，其精髓就是“细”。

它的质地极其细软，抹上去的感觉十分细润。

尤其是一天结束后，到晚上卸妆洗脸时或一夜睡醒后洗脸时，手指摸到眼周肌肤感觉特别细腻。

推荐给朋友用后，她们也是瞬间爱上了它，还汇报说，眼底浊气也少了，白皙了很多。

Chanel Ultra Correction Total Eye Revitalizer
香奈儿修护眼部护理套装（1 支滚珠眼部精华液 +10 对精华眼膜）

这是一款连续用 10 天的眼部密集保养套装，白天用精华滚珠笔在眼周按摩，晚上同样使用后，用一个眼霜，再贴上眼膜，像个小熨斗般，淡化眼周细纹、紧致眼周线条、改善黑眼圈。

如果事先知道有几天重要宴会，可以提前 5 天开始使用，第 5 天会明显看到眼部疲态逐渐改善，笑颜也随着舒展。

La Mer The Illuminating Eye Gel
海蓝之谜赋活提亮眼部凝露

把这款介绍给好友时，她的第一句话就是“哎，真的是一分价钱一分货”。

这款带给眼周的平滑轻盈感，真是妙不可言。眼部补妆的时候，可以轻轻按一点在眼尾眼肚，有助抚平眼底细纹，让底妆更贴合。

Prevage Anti-Aging Eye Serum
铂粹御肤眼部精华露

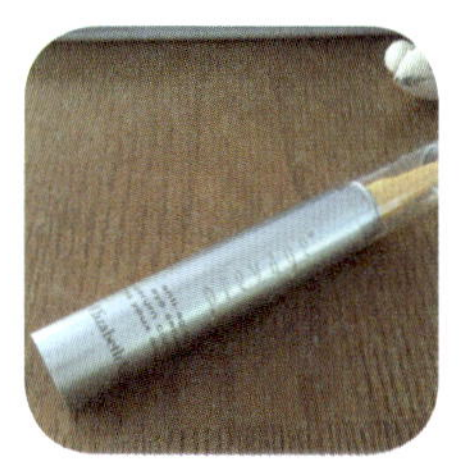

这是伊丽莎白雅顿与药厂 Allergan（艾尔建）联合开发的医学保养品牌。

0.5% Idebenone[①]顶级抗氧化因子、淡皱的多肽、舒缓的绿茶等成分，全面攻克眼袋、鱼尾纹、黑眼圈等问题。虽是精华，但是乳霜质地薄，呈浅橘色，它能很快隐形，明显使眼周肌肤变得细腻。

我通常不揉、不点，只薄薄地在眼下抹一层，用滚棒按摩，略微抹开，让多余的自行吸收。

Estee Lauder Re-Nutriv Re-Creation Night Serum for Eyes + Eye Balm
雅诗兰黛奢宠白金日夜尊宠精华眼霜组

现在美容大牌对待旗下最高端的系列，真的是呕心沥血，最好的配方、成分都用上了。

还是这句话，贵是真的贵，好是实在好。

日间用眼霜。夜间用精华 + 眼霜。

这款眼霜英文虽说是“Balm”（直译为“膏”），但并不厚。我会搭配雅诗兰黛黑钻眼霜的那根金色眼部滚棒使用。眼周十分舒展。一整天的笑容都不紧绷不显累。

晚上用夜间精华，它其实是一款嫩嘟嘟的精华油，然后再用眼霜。

早上起来，洗脸的时候，会感觉眼周肌肤非常平滑细腻。事实上，细纹也的确抚平很多。

---

① Idebenone：艾地苯醌，是目前已经通过测试的最有效的抗氧化因子，也是第一个通过医学测试被证明能有效修复及保护肌肤的抗氧化因子。——编者注

精华油一旦开封，要早点用完。每晚连续用，大概可以用两个半月。

这组是一套卖的，如果精华油和眼霜能同一天用完的话，请去买彩票。

Estee Lauder Re-Nutriv Ultimate Diamond Transformative Energy Eye Cream
雅诗兰黛白金级蕴能黑钻奢华眼霜

精华油和眼霜两个一起买，有时候很难两个一起用完。只想买眼霜的话，可以考虑这款“黑钻”眼霜。比组合版感觉更细，眼周平滑及细腻感很接近。

质感很轻很轻。

附有一个按摩滚棒，十分赞！顶端的圆球可以360°旋转，设计上还是很有巧思的。

La Prairie Essence of Skin Caviar Eye Complex with Caviar Extracts
莱珀妮鱼子精华眼部紧致啫喱

通透质感，轻盈有弹性，轻轻润润的不会引起脂肪粒。

紧致眼周肌肤，消除水肿，减缓细纹及干纹的形成。

品牌是说以这个打底，然后再叠其他眼霜。

不过，这个湿湿软软的，用来打底，不知道要等到猴年马月才可以接着涂眼霜。所以呢，我是用完眼霜后，再用这支眼部紧致啫喱，好像封一个透气护膜。

另外，我从化妆师那里学来一个小窍门，加一滴在粉底里，能令妆容更薄更贴更持久。

CPB Intensive Eye Contour Cream
肌肤之钥紧致眼霜

品牌高端的抗皱紧致眼霜。

整个关键在于要搭配那支按摩棒，无论是黑眼圈还是浮肿，效果至少看得见。

CPB Eye Contour Balm Anti-Wrinkle
肌肤之钥抗皱眼部精华

质地轻盈，改善眼部肌肤皱纹。牙膏状的设计，多加了一个环扣设计，即使飞机升降造成机舱气压变化后，打开使用也不会“爆冲”，方便旅行携带。

RMB1000 元以下的眼部保养品

Sisley Eye Contour Mask
希思黎瞬间紧致眼膜

薄薄地敷 10 分钟拭去多余，能抚平干纹、淡化黑眼圈与眼袋，让眼部放松，笑容更甜美自然，是一款非常好的急救法宝。

Estee Lauder Advanced Night Repair (ANR) Eye Serum
雅诗兰黛肌透修护眼部密集精华露

品牌著名的“小棕瓶”系列中的眼部精华露，早晚都可以先用它在眼部打底，然后再用其他眼霜。质地很薄，但质感很润透。

帮助消肿，减轻眼周疲劳感。

旅行的时候，万一皮肤有点不稳定状况，我就用这款“小棕瓶”眼部精华露在全脸当精华打底。

Fresh Rose Hydrating Eye Gel Cream
馥蕾诗玫瑰润泽明眸眼部凝霜

秉承品牌知名的玫瑰系列精髓，润泽舒缓 + 质感轻盈，并伴有青瓜精粹的沁凉，消除眼部疲劳引起的暗沉与干纹，特别适合清晨使用。

不瞒你说，这款也是我长时间写稿时，放在手边的恩物。随时用棉花棒挖一坨起来，敷厚一点当眼膜使用。完全不用担心脂肪粒。

Fresh Black Tea Age-Delay Eye Concentrate
馥蕾诗红茶抗皱紧致浓缩眼部精华霜

红茶系列一向十分稳妥，尤其以抗氧化效果显著。

这款眼霜绵绵糯糯的，像云朵一般在眼周抹开。主要针对淡化黑眼圈和干纹，紧致眼袋。

我喜欢它的质感绵柔，提升眼周肌肤的通透度，从而改善黑眼圈，加强肌肤平滑和细腻。

Clinique All About Eyes Serum
倩碧眼部护理精华露

我把这款推荐给身边不少朋友，它获得一致好评。

滚珠冰冰的很舒服。长时间使用电脑后，眼部疲劳时就沿上下眼眶按摩，可以帮助减轻眼部浮肿。

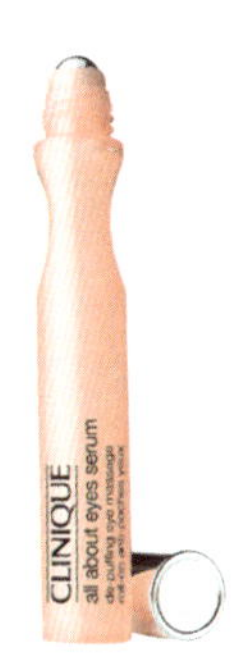

滚珠头在眼周肌肤上滚过时，会有轻柔的按摩效果，让肌肤变得更易于吸收精华液。

这类“滚珠”产品要舍得用，多抹几圈充分滋润。

使用后，用棉花片拭净滚珠，再盖上。放置时，滚珠朝下，用的时候会更顺畅。

Caudalie Premier CRU Eye Cream
欧缇丽葡萄籽青春再现奢华眼霜

这款有点很奇妙的淡米色光泽感，让细纹不明显。

现在的眼霜质感，普遍做得都很细腻，这支属于比较厚润的，推开一样是轻柔如凝脂。

有点草药味，需要习惯。

与你分享，我选购眼霜的心得

（1）是的，眼霜好贵。现在口碑好的眼霜，随便就是人民币 500 元起价，1000 以上也是一挑一大把。

（2）要舍得用贵的。如果负担得起，人民币 1000 元以上的高价眼霜，品质的确更加细腻。

（3）不管用什么价位的眼霜，总之要选“舍得用”的那一款。与其买一只贵的，不舍得用，每天一丝丝地克扣着用，还不如买一只可以负担的，大方地使用。

我这样保湿，做好 + 用巧

都说环境污染、内外压力、沉迷3C产品威胁生活品质，直接影响肌肤健康。

总结这些年来的护肤经验以及日新月异的护肤科技，我最大的心得是“保湿”。

尤其是在换季和入秋时节，把“保湿”做好，并且用得巧，养好肌肤屏障，能大幅提升肌肤免疫力，提供给肌肤一个安稳的修护环境，更好地吸收后续养分，妆容也散发似有若无的清透自然感。那些形容梦寐以求、完美肌肤的词汇，比如：细腻、柔软、饱满、有弹性、通透……都会看得见摸得着地随之而来。我发自内心地觉得，这世道再不济也还是可以善待自己，过得很好。

保湿如何用得好，常爱与新欢如何巧搭配，我一次性把最有效的方法分享给大家。

（1）先＿＿再水，保湿加分

日本Albion（奥尔滨）系列先乳液再化妆水的保养方式，看似颠三倒四，从保湿层面来说，是加分的，值得融会贯通。

正如很多日系护肤的繁复程序与匪夷所思的英文名词，Milk（乳液）其实只是软化肌肤的渗透乳，之后再用Lotion（化妆水）或Skin Conditioner（健康水）加以柔润，产生细润的肤感，接着按喜好层叠精华、护肤乳或霜。

随着接触到越来越多工艺更细、肤感更舒适的保湿界精品，我渐渐明白为什么Albion基础系列先乳后水“捂”出来的那种润，肌肤长期会觉得越用越“重”，也变相了解为何日系基础系列近年越来越跟不上时代脚步。

想要轻轻巧巧又很透的润，入秋后，试着升级到 Ablion 的 Excia Renewing Rich/Extra Rich Milk（凝脂保湿渗透乳液，有清爽型与滋润型两款选择）与 Renewing Lotion（凝脂保湿爽肤水），能让肌肤瞬间得救。跟年龄无关，纯粹是 Excia 系列质感更细腻柔润，在入秋之后阴寒湿冷的温度下，令肤感更加舒展，持久的丰盈感也随之而来。

如此这般的“先 __ 后水”顺序，也可以延伸到白天在精华与乳液之间拍一层水，能改善容易搓泥的搭配。晚间再用护肤油，比如 Caudalie Overnight Recovery Oil（欧缇丽葡萄源夜间保湿精油）、Fresh Seaberry Moisturizing Face Oil（馥蕾诗海莓面部修复精华油）、Estee Lauder ANR Intensive Recovery Ampoules（雅诗兰黛“小棕豆”），按摩之后，再给肌肤补一点精华水之类的产品，比如 Estee Lauder Micro Essence（雅诗兰黛微精华水）、SK-II 的“神仙水”，手指像弹钢琴一般地在脸上弹几圈，瞬间吸收油润，体会嫩滑的肤感。

（2）亦水亦露的保湿产品，用化妆棉片一起“按摩”最有效

这类名字模棱两可、质地比水稠、比露润、比乳液薄的保湿产品，通常用于日常护肤步骤之前，强化保湿功效，养护肌肤屏障。正因为它们的特殊性，就连保养专家都曾经历过一番试错。

获美容界高度赞扬的保湿先驱 Cosme Decorte Liposome（黛珂保湿美容液），是日系保湿精品中的销售冠军。品牌中文官网首页介绍它时，说“只要一滴”，实在是美丽的谬误。我试过多种使用方法，真正要有效又舒服，每次起码要六七滴，把化妆棉片半浸透到能在额头和面颊“滑来滑去”的程度，“按摩”进肌肤，直至吸收透彻，这是双手掌心拍或捂都无法比拟的。

令竞争品牌医师团队刮目相看的香奈儿山茶花保湿微精华露，它的微囊[①]技术包裹活性因子，质感有水润也有丰润。一开始我每次只舍得按两滴，肌底好像铺开一层隐形网膜，很快吸收。某次长途飞行前的保养，一口气按了五滴，用化妆棉片慢慢按摩，保湿效果之持久、下飞机前肤质之细润，令人惊叹。倦容都不见了，补个妆就直接去参加好友的新店开幕。

事实上，所有比较浓稠的滋润型精华水，加倍用量，靠化妆棉片按摩，都能不同程度地加强保湿，也能避免黏腻。

（3）保湿可以一步到位，也可以逐步搞定

不同的生活习惯，决定了不同的日常保养选择。所以，有人不厌其烦地层层叠叠，有人抹一层都勉为其难。

倒不必批判谁对谁错，也不必试图感化彼此或妥协折中。反正，这世上保湿产品多的是。

馥蕾诗的玫瑰润泽系列，用最清盈舒缓又迷人的方式主攻保湿。从玫瑰润泽保湿面膜开始，逐步扩张出一个完整的系列，并且不断升级保湿科技。比如，我每次登上长途飞机前必定会用的精华乳，2016 年新版本为深层保湿 Rose Deep Hydration Serum（玫瑰润泽焕采精华乳），搭配 Rose Deep Hydration Face Cream（玫瑰润泽深层保湿面霜），仿佛长时间被玫瑰面膜呵护着。

深层保湿一步到位做得又好又巧的有玉兰油高端系列博研诗双萃精华液。甘油、烟酰胺、谷蛋白的恰当比例，符合我一贯主张的补水保湿过程需要养分充足、搭配到位。每次摇匀后，用满满一滴管，抹在全脸。水汪汪的质地，瞬间被吸收，正是亚洲女性喜欢的不黏不腻、清清爽爽、无负

① 微囊：也称智能微囊，指固态或液态药物被高分子材料包封形成的微小囊状粒子。——编者注

担的护肤诉求。

使用玉兰油博研诗双萃精华液的后续肤感也很令人惊艳，肌肤很舒展，跟乳液或乳霜都很搭。

通过层层叠叠的保湿，效果的确加倍。但一股脑儿都往脸上招呼的话，容易引起复杂的交叉过敏，搓泥也是在所难免。比较合理的加强保湿方法，是从美容液、渗透乳、微精华、微精华露、护肤油这些“保湿”类别中挑一个，加入化妆水、精华、乳 / 霜的日常三步护肤程序中。备一瓶任何时候都可以用的保湿喷雾，比如 Caudalie Grape Water（欧缇丽葡萄活性保湿喷雾）、Evian Facial Water Spray（依云脸部喷雾），一旦觉得层叠过量、过重，薄薄地喷一点，可以帮助渗透，肤感也立刻轻盈起来。

平价保养有心机

时不时地会看见一些豪气万千的护肤宣传：越贵越好，只有一张脸，为什么要用便宜的。也会听到有人不屑地说：高价就是骗钱，成分都是一样的。这些言论，显然是受到“便宜没好货”和“省钱是美德”的影响。

赶紧抛开这两个极端思维。现在，立刻，马上！

我必须很坦白地告诉大家：价钱，绝对不是衡量好坏的标准。名气，在选择中起到稍许的辅佐作用。关键是，端正护肤观念，了解自己的肌肤及生活状态，加上长久的经验累积之后，逐渐识别高价与平价之间有好有坏，懂得取长补短，才谈得上是科学理性的护肤好方法。

平价当然有精品。越了解自己的肌肤，越懂得什么叫优良保养品抹上肌肤应该有的质感，就会发现，平价中真的有很多精品。

可是，再好的东西，再贴心的作为，都抵不过用的人不以为然。这种因为价格平易近人而不被在乎的心态，是平价的硬伤，但绝不是平价的错。

在我的保养世界里，平价精品占据着很重要的位置。不仅因为价位亲民，更重要的是：

（1）想要保养品发挥应有的功效，必须用足量。与其左思右想终于买下人生最贵的一瓶面霜，却实在舍不得用，每次只在重要日子小心翼翼地抠一点抹一滴，并妄想发挥奇效，倒还不如买一瓶自己经济能力可以轻松承担、口碑良好的平价面霜，每天早晚用足量，持之以恒，一定见效。

（2）平价精品用得恰到好处的话，皮肤肯定不会有什么特别重大的问题。因为，平价精品最擅长的是长期维护，令肌肤保持在一个稳定、正常的状态，并继续持盈保泰。

（3）当明白了“平价也有精品”的时候，基本上已经走出了对护肤的吹毛求疵，也不再钻牛角尖。这是护肤非常非常重要的一个环节。身心灵的不纠结，是对发肤最好的保养。

平价的选择，当然多如牛毛，水准也参差不齐，广告宣传也有不少夸大其词。有些开架[①]货甚至比专柜品牌、精品美妆更贵（如果你以每毫升来算的话）。

我一直是平价高价保养品混着用。带着高价的优质细腻体验，在平价中寻找同样适宜的肤感。听从肌肤对护肤品的使用反应，少一点偏见，就少一点遗憾，效果更令人满意。

所以，标题开宗明义：平价保养有心机。

① 开架指敞开的货架摆放方式，顾客可自由选取商品，通常是在超市、美容用品店这样的地方。——编者注

在平价保养品中，有几大类别可以说是“盛产”精品。

（1）婴儿护肤产品，向来以超温和、无香/低香、包装卫生著称。基础产品多年来深受青少年和成年人好评。

强生婴儿油（原版粉红色瓶盖）是婴儿用品中的老字号的经典配方。我用来卸眼部彩妆与唇妆，也能保持眼周唇周肌肤柔软细润。

在美国长大的这一辈，如果小时候出过“水痘”的话，都不会忘记艾维诺“天然燕麦皂”的温柔呵护。这款配方经过改良后，分为 Clear Complexion Cleansing Bar（适合中性偏油肌肤）及 Moisturizing Bar（适合大部分肌肤）两款洁面皂。仔细耐心清洁后的肤感柔软清爽，日常使用非常到位，也适合青春痘肌肤在治疗期间搭配医生处方药膏使用，可以缓解肌肤干燥。

艾维诺值得信赖的另一点是自从推出成人护肤后，产品线并不大肆扩张或改版。一方面货源稳定，追溯有谱，另一方面用习惯后，也不担心失手买错或不适应。Positive Radiant 系列推出至今有十年，其中艾维诺去角质按摩膏与艾维诺防晒日间乳液，配方微调，一直稳定妥当。

（2）针对敏感肌肤使用的低敏和抗过敏系列，因为本身配方相对单纯，肌肤容易适应，可当作日常温和保养，为肌肤长期维稳。

Bioderma（贝德玛）是欧洲十分著名的药妆品牌，产品琳琅满目。口碑最好的是舒妍多效卸妆水，肤感是亚洲人普遍喜欢的“适宜”。

英国品牌 Simple（清妍），特别针对敏感肌肤设计了简单温和的配方，出产日常基础保养品。其中获奖最多的是 Simple 敏感肌肤卸妆水，用化妆棉轻轻擦拭，对付淡妆、裸妆、防晒基本上没有问题。后续要不要用水洗脸，看各人习惯。反正，我卸完妆一定会再洗一次脸的。

我偶然发现无印良品高保湿敏感肌用化妆水温润清爽恰到好处。去到干热地区或在阴冷日子，尽量多敷，能帮助肌肤恢复水嘟嘟的状态。潮湿地带在夏天可以换用同系列的“清爽型”。

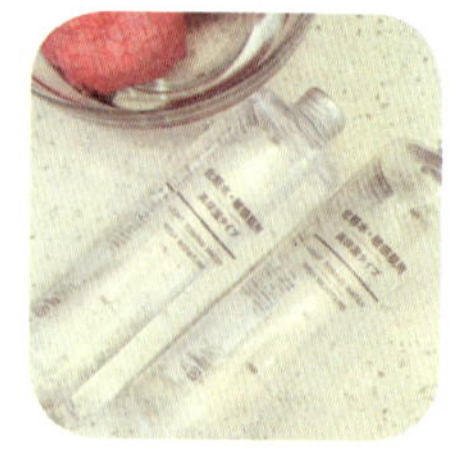

科颜氏金盏花爽肤水，无酒精，补水、消炎、很温和地平衡油脂分泌，对敏感及过敏问题的肌肤也适合。我以前肌肤很敏感以及在清黑头的时期，常常用这款来消炎补水。用完感觉很温和，毛孔也很干净。

北美几乎每个皮肤科诊所，遇到不算疑难杂症、没有到用处方药程度的病人，都会推荐 Cetaphil Gentle Skin Cleanser（丝塔芙温和洁面液）。这款以温和、简单的水溶性配方著称，尤其适合干性、易因气候变化敏感、不化妆、皮肤细胞屏障较薄的

肌肤。或者说，当你觉得用什么都难过的时候，这款可以帮你慢慢恢复正常、重拾保养的信心。

我曾经推荐Bio-Oil护理油给好友使用，挽救了她在青春痘治疗后期造成的皮肤干燥。但是这款被当成淡疤祛妊娠纹万能生物油，我真不知道该说什么才好。它的属性很有局限，能为干性肌肤起到舒缓的作用。非但不能用在青春痘疤、伤疤上，连正常及偏油肌肤都不适合。勉强可以说油润度可以帮助柔化妊娠纹形成的肌肤死结。总之祛疤纹，绝不是抹点油可以解决的。

（3）开架品牌给人先入为主的平价印象，实则有些售价越来越贵。所以别以为专卖店品牌或精品名牌就真的价高不可攀，其实有很多并不一定比开架品牌贵多少。一些特殊护理的小瓶装、礼盒，超值又好用。

科颜氏药妆品牌近年在高端系列相当努力经营，但入门系列依旧亲民。最喜欢的是科颜氏高保湿霜，细柔清润无负担。

（4）经典品牌的王牌产品

玉兰油水润滋养滋润露，真是不折不扣的百搭。我印象最深的一次是大学时一位朋友暗疮很严重，什么都不敢抹，可是洗完脸后又不能不抹点什么，我说，那就抹点玉兰油吧。那还是它的名字叫玉兰油美容液的年代，玻璃瓶里是粉红色的乳液，清清香香的，抹在脸上也是轻轻水水的，好似不存在。

神奇的是随便抹多少都不长痘痘。

这么多年，玉兰油依然在这里，名字从 Oil of Olay 改成 Olay（因为世上其实没有一种叫 Olay 的植物能榨出油）。经典的美容液变成了水润滋养滋润露。几乎没有什么改动的经典配方，搞定最基础的日常护肤。如果你只是想把肌肤养得普普通通但又不知道如何下手、有保养的心又没有保养的时间和财力、有问题但又不至于到去看医生的地步或者先观察看看的话，不妨试试这款。不会很惊艳，但最起码不会变糟。这已经是人生最稳当的赢面。

然后你会发现玉兰油还有多效、皙白等系列，品质可靠、口碑好。与医生团队共同研发的博研诗系列，也几乎是人民币 300 元以下可交易。

Vaseline Lip Therapy Rosy Lips（凡士林玫瑰润唇膏）。在那个润唇膏还没有人手好几支、大小品牌都出一款的年代，我喜欢直接买一大罐凡士林，时不时地手指抹一点来润唇。好像才 1 块多美金吧。这少说也有 25 年。其实凡士林也是一直有出小支润唇膏的。事实上，很多知名润唇膏的第一个成分也就是凡士林。（外界有一大堆传言说“凡士林”即矿物油的负面报道。可是，平心而论，用在化妆品里面的成分级别跟加进车子里的汽油，真是两码事。至于其他，大家可以自己研究，继而分析判断。）

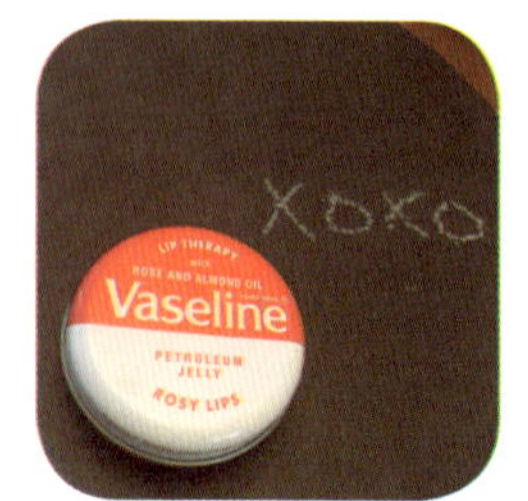

现在凡士林的润唇系列做得更丰富，加了很多大众喜欢的成分。大概知道很多人喜欢那个大罐凡士林的经典模样，美国市场把润唇膏做成迷你罐。

另一种扁扁的金属罐，也很可爱，也依然好用。

产品英文名里有“Rosy”，其实没有什么特别的玫瑰香（另有无香、椰香版本），也几乎没什么色泽，但就是看着喜欢，一种家常的喜欢。

Clinique Dramatically Different Moisturizing Gel（倩碧卓越润肤啫喱），经典的三部曲中的“天才黄油”啫喱版本，轻柔的滋润。无香也无花俏，用着很安心。

（5）不管是什么红得发紫的产品，别只靠别人推荐，别只看网上推荐，要学会自己查阅品牌资料。

举例来说，这几年日本的 Minon（蜜浓）是个很红也得了很多奖的平价、开架保养品牌，以氨基酸成分为核心，特别针对敏感肌、干燥肌。

最初是 Grazia（红秀）的美容编辑薇薇安推荐给我的。某次聊天时，我感叹保湿精华乳液用得好快，每次按三下才够用，瞬间用完又要买了，真快用不起了。薇薇安就推荐了 Minon，说是价钱便宜，口碑不错。

我开始做功课（我没去看网上的评论）。

第一步：我先看制造商是谁（好吧，我承认，买东西的时候，我就是这么“势利”）。Minon 制造商是日本第二大制药厂 Daiichi Sankyo（第一三共株式会社），这家是当地两家百年老字号 Daiichi（第一）与 Sankyo（三共）合并组成的公司。

第二步：我需要确认 Minon 这个品牌在我本人的长期居住国（美国）是有直属分部的。我直接拨通电话，确认 Minon 在美国有分公司，并且是有规模的海外总部，位于东岸新泽西州。那一刻，我觉得这是我愿意再看下去的牌子。

第三步：我在洛杉矶当地找到正规日系实体店，确认长期购买途径及退货方式。

最终体验也确认，Minon 氨基酸保湿面膜和氨基酸保湿乳液果真名不虚传，值得纳入“长期名单”。

长途飞行中的护肤锦囊

记得许多年前，刚开始频繁长途飞行，我总是想方设法，让困在机舱里无聊的十几个小时变得有趣一点。带足书籍、笔记、游戏、影集，做足清洁、保养，甚至换睡衣、做面膜。后来发现，所有这一切都不如一上飞机呼呼大睡来得管用。

醒来精神十足，皮肤也安分得很，直接投入工作。没有时差，无缝衔接，更可以做到速去速回。

每次整理行李，MeowMeow 就很自觉地往打开的箱子里一躺。是想被打包带走吗？

Part I 登机前，尽量完成所有护肤保养。

（1）洗头洗澡。有时间的话，还会泡个热水澡。

时间不太充裕的话，至少做到卸妆、洁面、保养。

（2）机舱就像个巨大的速干箱，所以护肤时注重保湿，并按照平时晚间保养的滋润度来。

不用太润太油，也不做特殊护理，避免造成不必要的问题。

任何时候，都应以“肌肤安分”为首要考量。

以下“保湿三宝”是我旅途中求稳的保湿产品。

Estee Lauder Micro Essence（雅诗兰黛微精华）：似水又似露，为保湿打底，也让肌肤处于安稳的状态。现在还有喷雾版本，更均匀，帮助吸收，一般按足 3 至 4 下的量。

Chanel Hydra Beauty Micro Serum（香奈儿山茶花保湿微精华露）：肤感很特别，有一种微型网膜的感觉，在干燥机舱中很管用，虽然有股很明显的香味（香水起家的品牌嘛），但周围几个有敏感挑剔肌肤的朋友用了都觉得很安稳。很好用，不过用得非常快，日常用每次按两下的量，用于登机前保养的话，建议至少按三下的量。

Fresh Rose Hydrating Gel Cream（馥蕾诗玫瑰润泽焕采精华乳）：凝胶质地，大约按两下的量，在掌心中温热，有点水水的时候，再用双掌依次包住面颊、额头、T 区，轻按抹匀。

面霜 / 乳，按照平时晚间保养的滋润度。

La Mer The Moisurizing Cream（海蓝之谜精华面霜）：品质有口皆碑，原款质地较厚，挖一点放在手心温热，边按边敷在脸上。初时的油润，很快吸收，也能帮助肌肤保持水油平衡，肤色不污浊。

Sisley All Day All Year（希思黎全日呵护精华乳）：找不出缺点的滋润型面乳。质地轻柔，肌肤长时间地保持舒展。

眼部的保养，毫无疑问非常重要，能减轻长途飞行的疲惫状态。

La Mer Illuminating Eye Gel（海蓝之谜赋活提亮眼部凝露）：先用这款打底，眼周肌肤光洁漂亮，也可以当作精华乳用在全脸。

La Praire Essence of Skin Caviar Eye Complex with Caviar Extracts（莱珀妮鱼子精华眼部紧致啫喱）：这是我用过消肿最有效的眼部保养品。

（3）几乎素颜的妆。

只用防晒妆前乳，不用粉底。

Chanel Base Hydra Lumiere SPF 30（香奈儿保湿光彩妆前乳）：能把肌肤衬得白皙细柔有光泽。

Chanel Sublimage La Protection UV SPF50（香奈儿奢华精粹隔离乳）：无色薄润，对付高空的紫外线。

（4）修梳眉毛、淡淡描眉，感觉秀气雅致即可。

Estee Lauder Double Wear（雅诗兰黛持妆塑形眉彩笔）：一头是棕咖啡色眉笔，另外一头是高光，立体感较强，眉形也较细致。

Burberry Effortless Eyebrow Definer（博柏利柔滑自动眉笔）：棕色眉笔那一头是扁平的，比较顺手，另一头是刷子，修饰得比较自然。

（5）抹滋润型唇膏，浓度足够，颜色选娇一点、柔一点的中间色，脱妆也很美。

我飞行常用的是这几支：

Fresh Sugar（馥蕾诗澄糖滋养护唇膏）Passion、Lola 唇膏 Dew、NARS 唇膏 Dolce Vita 和 Tom Ford（汤姆·福特）唇膏 Casablanca。

Chanel Rouge Coco Stylo(香奈儿可可小姐唇膏笔)#208 Roman，十分滋润，玫瑰色令人惊艳。

Chanel Rouge Allure(香奈儿炫亮魅力唇膏)#Fleurie，很漂亮的烫金牡丹色。

Fresh Sugar 澄糖滋养护唇膏，#Ruby 一抹不太经意的红宝石光泽，#Passion 偏玫红的烟雾玫瑰。

（6）微微的自然卷发，不用护发油。

这样就算飞机上睡得有点凌乱，随手拨一拨也能依然蓬松柔软不黏腻。

Part II 飞行时，多睡，少触摸，少走动，适量吃喝，安全第一。

（1）发型：前额头发稍许推高，用发夹固定；长发用发圈挽成一个矮髻，方便睡觉。

发髻松软度刚刚好，不要绑太紧，拆开就不会有发痕。

（2）护肤：登机前做好卸妆、洁面和保养，飞机上尽量不要做全套卸妆、洗脸。毕竟那个狭小的洗手间，少去、少占用，对自己对其他乘客都好。

当然，洁面湿纸巾仍是必备。飞机上也尽量少摸脸。

洗手后一定用护手霜，也会时常抹一点顺便按摩双手，保持掌心柔软。

听说高空紫外线辐射非常严重，既然我喜欢靠窗位子，好吧，睡前补一点兼顾护肤润肤的 SPF 防晒隔离乳，就当安心啰。

干洗手液，有许多开架大瓶装，我用 Jurlique（茱莉蔻）小瓶续装。

Simple 敏感肌用洁面湿纸巾，降落前用来洁面、途中擦手都很足够。无香，无添加，用得放心。

欧舒丹经典乳木果护手霜（手袋装），国际航班上及机场免税店都有售。

海蓝之谜防晒隔离乳液，是一款注重护肤、改善毛孔与细纹的防晒乳液。另有 SPF50 选择。

（3）彩妆：Fresh 黄糖滋养护唇膏，兼顾润唇，色泽也很自然娇柔。

（4）护眼：因为十多年前我已经做了 Lasik 近视眼矫正手术，省却了戴隐形眼镜或眼镜框的麻烦，也更注重保护眼部健康。长途飞行时，睡前、醒来都会用天然泪滴，活动眼球，消除眼部疲劳，眼白更清澈，整体面貌也显得轻松舒适。

（5）清齿：保持口腔清洁比较容易睡得安稳，醒来也更神清气爽。

Glide 纤幼牙线。

Gum Soft-Picks 牙缝刷。

李施德林香口片。

IcyMint 口气清新滴，一滴在舌尖，薄荷口气蔓延，比喷雾方便礼貌得多。

便携牙刷。这把是“美联航”盥洗包里给的简易货色，一趟长途飞机用两三次就可以扔了。

抗敏感美白牙膏。旅行时候，因为食物、疲劳引起的轻微牙肉敏感发炎若不及时地压下去，很容易引起重大口腔问题，在当地解决既不放心又麻烦。备一支抗敏感牙膏基本上可以缓解牙龈轻痛等很多小问题。

缓解飞行不适的饮品：姜汁汽水。这几乎是西方家庭的“百搭仙汤”，连超模米兰达·可儿可爱的儿子弗林都会说：“Ginger Ale is good for the tummy”（喝姜汁汽水对肚子好啊）。它安抚肠胃，帮助消化，缓解晕吐症状。而真正会晕机的人，是必须提前吃药的，喝再多汽水都没用。

飞机上基本都有不同牌子的姜汁汽水。

缓解飞行不适的热敷贴：Therma Care Neck Pain Therapy 与 Back Pain Therapy，起飞前，直接贴在颈后、腰间，热力持续 16 小时。预防狭窄空

间里久坐引起的肌肉酸痛、落枕，也能缓解生理期不适。

我的随身锦囊袋内有什么？

我的登机随身化妆包里，有一个迷你锦囊袋（好吧，不算很迷你啦），长途休息中放在座位旁，是随时可能用到的各类小物，包括必备与救急品。

最后也是最重要的，让自己舒服安全的随身物宁可多带一点，考虑得周全一些，未必能避免意外，至少别给自己添乱。

随手分享

（1）液体的限额管制，俗称“3:1:1”。每瓶液体不超过 3oz（约 100ml），全部携带的液体总容量不超过 10t（约 950ml），每人一个 7 英寸 ×8 英寸（约 18cm×20cm）透明封口胶袋。建议胶袋中只装入液体产品。如果有喜欢的固体产品可以取代，尽量少带液体产品。如果都用小瓶、旅行装和分装罐的话，其实这个限额足够 3 天到 1 周从头到脚的美妆所需。

（2）备齐 2 天分量的盥洗及保养用品，以及最基本的粉底唇膏眼线笔、常见防治药物。即使迫降他处、班机延误，也不至于令自己太狼狈。

（3）如果精华、面霜的瓶子又大又重，我会用 2 个三天量的小罐分装，保持新鲜。万一一罐侧漏还有另一罐接应（总不至于衰到两瓶都侧漏吧）。

（4）多带些即用即弃的化妆棉、棉花棒、粉底海绵、眼影扫、沐浴帽、湿手巾、牙线、滴眼水，这些都可以灵活使用，以备不时之需。

即抛型天然泪滴、Glide 牙线、Gum 牙缝刷、Listerine 香口片、IcyMint 口气清新滴、Jakemans 喉糖、Fresh 有色护唇膏、欧舒丹护手霜、Tom Ford Cafe Rose 迷你香水、Tylenol 退烧止痛药、Band-Aid 创可贴。

卸妆，最考功夫

社交媒体的普及，让生活成了一连串的摆拍，出现了各种“爱演”与“爱现”，化妆也不再有年龄的下限。

友人读小学 2 年级的女儿与小网友视频时妆发齐全，进一步钻研如何打阴影令五官显得更立体，也完全没把美国私立小学明文规定“除演出活动之外不得化妆上学”当一回事。她伶俐地认为，网上形象与真人长相无关。

好吧，她们是七八点钟的太阳，未来是她们的，哪用得着我们这些“过来人”批判。何况，多少人在网上建立了丰功伟业，还有谁敢说虚拟空间不真实呢。

所以，我笑眯眯地跟她说“想要妆容美，卸妆功夫必须做到位”。换句话说，只有欣然承担责任，才能继续“寻欢作乐”。

一边感叹，新一代太老练，中女[①]们却长不大。另一边又被真人秀上青春少女、冻龄美妇们，甚至被影集版英国公主皇后们的容颜惊得瞠目结舌。女主们的妆容，浓艳得像旧时戏院里走出来的一般。

如此这般的浓妆盛世，最考验功夫的正是卸妆。

卸妆，是“洗脸”之前的准备步骤，是护肤的根本。我个人主张，多少时间化妆，就意味着需要同等的时间卸妆，甚至更多。

与你分享，分区分质地卸彩妆及粉底

（1）先卸眼妆唇妆眉彩

（2）再卸粉底胭脂底妆防晒

等到脸上所有彩色及污垢都一点点溶化褪去，然后才是“洗脸”。此时的“洗

① 中女：又称大龄单身女性或大龄剩女，指已过社会一般所认为的适婚年龄但仍未结婚，尤其指有经济基础的女性。——编者注

脸”就是清洗残余并把毛孔收拾干净的心旷神怡。轻柔细致，洁肤也养肤。

Step I 最急不得的是卸眼部彩妆

彩妆品牌一般都有专属的眼唇卸妆液，轻松对付小烟熏眼影、超防水内外两层眼线、睫毛膏、眉彩。

眼唇卸妆液的水油结合特质，要求在使用前先要摇匀。

当然，无论使用哪个品牌的眼唇卸妆液，最主要是舍得用，才卸得干净又不伤皮肤。

我的小妙招就是 4 美元一大瓶的强生婴儿油，卸眼妆、卸唇妆。（特别注明：婴儿油不是用来卸全脸的，也不是卸粉底的。）

我会先用无印良品无漂白化妆棉，吸足量而不过量的婴儿油，放在眼盖数秒，边敷边卸，而不是粗暴地用力来回搓抹擦洗。

卸去 8 成后，再用棉棒蘸取少许婴儿油，把眼皮内外、睫毛根部的眼线，一点点地溶化褪去，直到棉棒完全干净。

嫁接假睫毛的话，卸妆必须选用无絮的化妆棉及棉棒（无印良品有特别纤细的版本），必须更加轻柔。虽然麻烦一点，但也因此养成了轻柔细致的卸妆好习惯。

用强生婴儿油卸了唇妆后，如果觉得还是有点干燥的话，我推荐用符合食品标准的 Bite Beauty 樱桃唇部按摩膏去角质，柔嫩娇润程度，真不输贵妇名牌。

Step II 卸脸部（包括卸粉底、胭脂、隔离、防晒、保养品）

不化妆或化淡妆的，用卸妆乳或卸妆水。

化大浓妆的通常用卸妆油。

我一定会做足“卸妆”这个步骤。然后，再用洁面液洗净。不需水的“干洗”对我来说只是应急图方便，并非长久之计。

我偏爱使用脸部卸妆乳来卸粉底、胭脂、底妆、防晒，质感比卸妆油柔和，比使用卸妆水更有柔软的肤感。

Carita（凯伊黛）有两款洁面乳液，清爽的肤感，令人惊艳。经典版本美白滋养爽肤水的淡淡杏仁奶香很讨人喜欢，另有无香的卸妆爽肤水适合敏感肌肤。

无论是否化妆，晚上洁肤之前，我都会使用卸妆乳，溶解防晒残余、肌肤分泌的油脂，卸妆水可以带去附着在肌肤表面的浮尘及污浊。用清水冲一遍，再开始用洁面膏或洁面啫喱洗脸。

印象中，某综艺节目有个著名的“卸妆”环节。无论是妙龄少女或冻龄熟女，卸妆后安全感崩盘，全都流露不安，甚至惶恐求饶。这么做，或许是人之常情，也满足了节目效果获得高收视率。

但我总觉得，真正的“卸妆”，是还原最干净的脸蛋，看清自己也重新爱上自己的模样。当褪去所有颜色的包装，发现没有眼影的眼神最温存，没有口红的嘴角最迷人，没有粉底的肌肤更清澈与通透，也足以让人觉得什么都不用涂。

这时的素颜，才是真实存在的。这份纯真，是我们把每一个明天过得比今天更好的理由。

面膜，陪伴我的早安与晚安

我从十几岁就开始天天敷面膜，确切点说是早晚都敷面膜。

长大以后，有时候好朋友来我家度假小住，我会在客房里，给她准备一堆面膜。然后，接下来的那三个礼拜，我们每天配给“早安”与“晚安”的，就是一人敷一种面膜，她煮咖啡、我泡茶，她看新闻、我看信，再分头回房间涂涂抹抹该干吗干吗。渐渐地，身边的朋友也养成了天天敷面膜的好习惯，跟我说“皮肤真的有变好”。

可见，范冰冰、林志玲们天天敷面膜的保养心得，不是传说。

但是（对的，凡好事必有“但是”），为什么会有另一派说法——“面膜不能天天敷”？

关于“天天敷面膜”，我的个人观点简单说

（1）面膜可不可以天天敷？

可以。

（2）同一款面膜可不可以天天敷？

不是不可以，但是会无聊，所以最好轮换敷。

（3）几种面膜可不可以同时敷？

当然不可以。

（4）可不可以敷 DIY 自制面膜？

我不建议，因为制作过程很难控制卫生、保鲜等问题，处理善后其实很麻烦。

关于“天天敷面膜”，我的个人观点

（1）“敷面膜”只是保养的辅助部分，并不能取代有规律的日常作息和良好的日常保养，功效的确只是暂时的。

（2）然而，正因为“敷面膜”这 5 ～ 10 分钟的等待过程，变相让自己从繁忙的节奏中，慢下来，腾出时间留给自己。敷完面膜后，短暂却显而易见的好肤感，让我们对整个护肤程序更有信心。

（3）所谓“天天敷面膜的好习惯”，大概就是不受周遭的纷扰影响、不马虎地善待自己，皮肤气色心情各方面都会随之趋向“好”的方向发展。

注 本文提及的面膜，除特殊注明为护肤最后一步之外，都是在化妆水之后敷。因为略微湿润的肌肤，有助面膜的贴合与吸收。

Part I 早安，面膜

我早上敷的面膜，大多是保湿、润白、紧致、柔滑，每天挑一款轮换用。可能是习惯问题，我早上敷面膜后，多多少少会冲几下再保养、化妆。

一般来说，适合早上敷的面膜，需符合以下三个诉求：

（1）即时水润效果。

充分补足水分、光滑柔嫩，很多保湿纸膜都做得到，肤感舒服，但效果不会很长，也没有太根本的治理效果，但可以让肤质看起来更细润，妆容更自然。

真正要上妆自然服帖、上镜自然好看，持久水润、光洁、肤色不转深，面膜的综合品质就很重要了，这就是很多面膜为什么贵的原因。

从左到右：La Mer the intensive revitalizing mask（海蓝之谜密集赋活精华面膜）, Fresh Black Tea Instant Perfecting Mask（馥蕾诗红茶抗皱紧致修护面膜）, Estee Lauder Micro Essence Infusion Mask（雅诗兰黛微精华面膜）, Sisley Black Rose Cream Mask（希思黎玫瑰焕采紧致面膜）, 我的美丽日记（燕窝、黑珍珠）

Estee Lauder Micro Essence Infusion Mask（雅诗兰黛微精华面膜），是上班族分秒必争的恩物。品牌建议是每周两次。厚身棉带来一定的重力加快释放养分让肌肤均匀吸收，早上只需敷 5 分钟，肌肤立刻湿软透亮，摸起来柔嫩有弹性，状态稳定不受冷暖气干扰，大幅缓解该月生理期的冒痘概率（这是微精华的最强项）。敷后用清水泼一下，再拍一点微精华水，继续精华 + 乳液等的保养，底妆感觉细致得几乎隐形。偶尔晚上敷的时候，我会在面膜上再压一块偏热的毛巾，加速促进血液循环，感觉养分也吸收得更彻底呢。

（2）最好能控制在只需敷 5 ~ 10 分钟。

早上没时间敷太久，而且之后还要保养、防晒、化点淡妆层层叠叠的，所以面膜敷超过 20 分钟太耽误时间。

La Mer the intensive revitalizing mask（海蓝之谜密集赋活精华面膜），我喜欢在早上敷薄薄一层，只需 8 分钟，乳液般的面膜渐渐随着体温溶透，直至隐形。产品介绍说不需用水洗，不过，我凡是在早上用过面膜后还是习惯略泼一点水冲一下，清楚感觉有一层均匀的保护薄膜，皮肤软嫩柔滑。后续精华、乳液等等，都是事半功倍，底妆的保鲜感和持久度也大大提高。

（3）质感微凉、不厚重。

瞬间的“凉意”，醒神又醒肤，脸庞也随之有种紧致感。

Fresh Black Tea Instant Perfecting Mask（馥蕾诗红茶抗皱紧致修护面膜），有微凉、紧致的感觉，早晨用特别醒神，敷 5 ~ 10 分钟后用清水洗净。我个人认为抗氧化效果很明显，毛孔细致，后续水 + 精华 + 乳液叠加良好，无论是化妆，还是素颜，肤色新、清、净。品牌建议是每周 2 ~ 3 次。也可以在熬夜的清晨当急救面膜使用，特别醒神，并消除浮肿，一扫暗沉气色。

Part II 什么面膜适合天天敷、早晚敷?

（1）选择知名大品牌，避免来路不明、打着小众旗号的三无产品及网推爆款。

这条看起来像废话，但必须三令五申。

“面膜”的走红使这个类别的产品极度泛滥，连累了很多口碑极佳的面膜也蒙受了不白之冤。身为消费者，我不是实验家，我不拿“土特产”在自己脸上开玩笑。我只愿意投资在一个受集体公开监督、有足够财力、能力全权承担司法责任的品牌。

（2）清楚标示“适合每天使用”的面膜。

未来“天天敷的面膜”会是一个大势所趋，旨在瞬间达到良好的肤感，增加护肤的信心，也为后续保养铺出康庄大道。

（3）保湿、舒缓面膜最适合天天敷，通常也是早晚都可以敷的面膜。

这类“保湿、舒缓”的面膜，选择非常多，中文名字通常比较极致，英文名字中通常含有 Hydrate（保湿）、Soothing（舒缓）、Moisturizing（滋润）、Plumping（盈润）等对应词。功能可以理解为是在洁面后，补充水分、滋养和安抚调理肌肤。我通常会选择已广为人知的护肤成分，比如玫瑰，气味清新淡雅，天天敷天天闻着也开心。

Fresh Rose Face Mask（馥蕾诗玫瑰润泽保湿面膜），大名鼎鼎的玫瑰面膜，我的挚爱之一，啫喱质地，含 50% 保加利亚玫瑰精华水及玫瑰花瓣，深度保湿、舒缓、滋润。

虽然长得很像果酱，但玫瑰香味沁人心脾，心情也随之好起来。任意敷 10 ~ 20 分钟，用清水洗去。早上敷，妆容很贴；晚上敷就纯粹是舒服，幸福指数飙升。是全年适用的保湿面膜。

Sisley Black Rose Cream Mask（希思黎玫瑰焕采紧致面膜），我喜欢在早上敷厚厚一层，淡粉色乳胶质地伴着一阵阵圆融的玫瑰暖香。肌肤的光泽度和细腻感立刻提升。10 ~ 15 分钟后，产品介绍说只需用纸巾抹去多余，不过早上用的时候，我还是会在纸巾按之后再用水洗一下，肤感不但饱满细致柔润也更轻盈清透。晚上完全可以当修复面膜睡过夜。

（4）不同面膜，轮流敷。

即使是适合天天敷的面膜，如果真的天天敷同一款，心理上会腻，肌肤也会倦，最常见的反应就是久了觉得用和不用好像差别越来越小。我手边常备有用得舒服又放心的四五款面膜，除了深层清洁类的，大部分“保湿、舒缓、滋润”面膜，完全可以按照各自标注的一周一次、一周两三次，或一周一至三次，轮流切换使用。这样既符合了品牌的官方建议，也满足了自己“天天敷”的兴趣和习惯。

贴片面膜和涂抹式的面膜，我一直是交替使用的。晚上要滋润、修复，白天要清爽、保湿，是我的习惯。

（5）当润肤水那样敷。

面膜的价格差别很大，上至好几千元一支，下至几块钱一张，还都是有头有脸的品牌。坦白说，我无法一概而论地以价钱区分优劣，我只能以生活常识来合理安排，在各类昂贵的面膜中搭一些信得过的平价面膜，均衡保养的开销。尤其是平价的贴片面膜，适合在化妆水之后、精华之前当润肤水那样敷 5 分钟，为肌肤增加饱足感和水润感。

我的美丽日记是宝岛台湾特产，掀起大中华地区平价面膜的风潮，在模仿者越来越多的当下，依然保持江湖地位。我常用的是燕窝、黑珍珠、胶原蛋白、角鲨烯，属于接近无香、保湿、弹润、通透、白皙等不出错功效。跟包装上介绍的敷 20 ~ 30 分钟不用洗的使用方法不同，我只敷 5 分钟，然后用冷水略略冲洗。它被我当成是一个很好的助推式保湿产品，暂时的细润辅助了后续保养。

Minon Amino Moist（蜜浓氨基酸保湿面膜），特别针对敏感肌、干燥肌。Minon 是这几年很红也得了很多奖的日本平价、开架保养品牌。制造

商是日本第二大制药厂 Daiichi Sankyo。核心成分氨基酸，是个很讨好又讨巧的成分，本质较温和（意味着，适合敏感、干燥肌肤，但不会油润），肤感瞬间很滑溜、细致，尤其是洁面类产品，手感就像洗一只光身的水晶杯，但质感又不是含硅太多的乳液的那种“空洞打滑”。面膜质地普通（软趴趴的类纱布质地，折的方式不容易打开），但是，类似纱布质地有一个好处，渗透得快，不会滴滴答答地让人有敷不完的感觉。早上用很合适。敷 10 ~ 15 分钟后，保湿效果令人惊艳。

Part III 晚安，面膜

我们早上可能难以预知一整天会怎么过，但到了晚上，我们大概很清楚这一天里我们经历了什么、缺失了什么。在一天即将结束的时刻，我们可以在“护肤”这方面来做一些补给，让我们继续迎接明天的到来。

当一整天过得很轻松很开心的时候，我们可在晚间护肤环节延续这份幸福，再加强一点滋润。如果一整天很紧张很忙碌，那我们可以做一些舒缓的、紧致的护理，帮助修复、放松。

或许今天多喝了几杯，那晚上最好镇静一下肌肤，帮助排毒消肿。

有时候跑外务多了一点，那就晚上做一些深层清洁、舒缓、滋润、美白。

总而言之，晚上更容易对症敷面膜，时间也比较好控制。

一般来说，针对晚上敷的面膜，我的经验是：每晚根据不同的需求，轮流敷不同的面膜，补给肌肤养分，是最合适的方法。

我晚上敷的面膜，以修复、滋润、紧致为诉求，确保第二天早上的肌肤比前一晚睡觉前的肌肤更好，表现在细腻、滋润、干净、清透、不浮肿、好气色，有问题的部位（比如痘痘）症状消失或好转。

每晚挑一款轮换用，有的敷的时间比早晨久一点，有的敷后不需冲洗。

从左到右：Chanel Sublimage Masque Essential Regenerating Mask（香奈儿奢华精粹面膜），La Mer the lifting and firming mask（海蓝之谜提升紧致精华面膜），Fresh Black Tea Firming Overnight Mask（馥蕾诗红茶塑颜紧致睡眠面膜），ProX by Olay Hydra-Health Activated Gel Mask（博研诗沁润健颜特护隐形面膜），Caudalie Moisturizing Mask（欧缇丽补水保湿面膜）

（1）类似晚霜那样可以睡过夜的免洗面膜。

当我看到一个面膜的官方介绍是“免洗”并且“不洗更好”，我一般会把它先放在晚上试用，看看不洗会带来怎样的感受。

有些滋润得无须后续，直接替代了晚间用的面霜。

有些取代了精华，在面霜之前使用。

有些为晚间护肤加持，成为夜间保养的最后一步。

注 这里提及的免洗面膜，除特殊注明为护肤最后一步之外，都是在化妆水之后敷。因为略微湿润的肌肤，有助面膜的贴合与吸收。至于，化妆水之后、免洗面膜之前，我会视需求，有时候会加一个精华，有时候不加。

La Mer the lifting and firming mask（海蓝之谜提升紧致精华面膜），一开始我也有疑惑，这款面膜既没有明说可以睡过夜，也没有反对不过夜，既没有说早上用，也没有说晚上用，只是明确说“隔天用”。因为写了“免

洗”，我就很自然地安排在晚上使用。我在化妆水后，用搭配的面膜刷蘸取，从脖子扫上面颊，比用手指抹更薄更匀又不浪费。根本不用等 10 分钟，眼见着瞬间吸收，毛孔干纹好像瞬间隐形，脸庞线条紧致。就像已经抹了精华加面霜的感觉，光洁细润舒展。更妙的是，明明是有点厚度的“霜”，但是扫到肌肤上很快就有种清爽的感觉，令人惊艳。双手稍许从脸的中间往外侧边推边压，两腮、前额部位提一下。想要再加强一点滋润的话，睡前在双颊补一些面霜。隔天起来肤色很白净很均匀，水油平衡，脸部不显肿。

Fresh Black Tea Firming Overnight Mask（馥蕾诗红茶塑颜紧致睡眠面膜），比较特别的是，这款是晚间护肤的最后一步，用在爽肤水、精华、乳或霜之后，按摩全脸和颈肩。

除了延续该系列“红茶酵素”的养生、养肤、抗氧化及细胞修复等概念，这款“黑罐”面膜的乳霜质地轻盈绵柔，稍许按摩后留下润润的光泽。皮肤湿湿软软免洗睡过夜，隔天早上洗脸的时候，摸得出来细柔水润有饱足感且富弹性。

Chanel Sublimage Masque Essential Regenerating Mask（香奈儿奢华精粹面膜），品牌建议每周 1 ~ 3 次，用配套的小刷子从颈部开始往脸上刷，无须按摩，自动吸收得不留多余，10 分钟后，用双掌一边轻压一边从脸部中间向两侧推。质地非常细腻，带一点油润的柔和，但又不会觉得黏腻，也不会长痘痘。

Sublimage 整个系列带给肌肤的“细腻、柔软”程度，堪称完美。这款面膜就像是 Sublimage La 面霜的伴侣版，在我不需要排毒，但需要滋润加持的时候，以它取代精华，让面膜把肌肤的细腻度提升到一个极致。最后用手指蘸一点面霜在脸上“弹”一圈。睡醒或偶尔没睡醒，都保证有一张光洁细腻的脸庞。

Chanel Le Lift Firming Anti-Wrinkle Contouring Massage Mask（香奈儿智慧紧肤按摩面膜），这是一款“按摩面膜”。品牌建议是每周 2~3 次。乳霜质地，带着淡淡橙花香，伴随着肌肤的温度和手指的按摩，乳霜越来越透明细润，很好推，肌肤也变得柔润舒展。产品说明书上附有 3 种按摩手法，帮助消肿、紧致、淡化细纹，整个状态也更放松。敷 5 分钟后用沾有温水的湿化妆棉，擦一遍全脸，再用精华、乳霜等夜间保养。隔天的确肌肤细润很多，气色好，不显肿，轮廓也更细致。忙得没时间或不耐烦在美容院做美容的话，很适合用这款。

Fresh Peony Brightening Night Treatment Mask（馥蕾诗牡丹焕白滋养睡眠面膜），凝乳质地，轻轻的，微微有点凉。我是把它当美白晚霜用。在化妆水、美白精华后敷薄薄一层，睡过夜，加强肌肤的白皙和肤色整体的均匀，也有助于弥补部分美白精华容易觉得干的问题。品牌建议是每周 1 ~ 2 次。

（2）晚间贴片式面膜。

晚上一般时间比早上充裕一些，有些贴片式面膜比较滴滴答答的，可以留在晚上，不浪费地慢慢敷。总体来说，是起到一个强化滋润、保湿、舒缓的效果。如果能因此放松一天的紧张情绪，就算是“额外奖励”吧。

至于晚上敷贴片式面膜后需不需要洗的问题，其实要看各人的护肤习惯和肌肤需求。大家可以一边尝试一边调整，这也是一种乐趣。

在这里，我跟大家分享一些我的心得和使用习惯。

Estee Lauder Advanced Night Repair Mask（雅诗兰黛密集修护肌透面膜），ANR“小棕瓶”毫无疑问是Estee Lauder的核心产品。这款昵称“钢铁侠面膜”，在晚间洁面后，用化妆水擦一遍脸，就可以敷了。分脸部上半、下半两层。先贴下巴部位，再把眼睛部位盖在上半脸，这样敷不容易掉。白色那面贴着肌肤，金属色那一面朝外。一开始敷，就有一阵温热感，渐渐会越来越热。很典型的美容院按摩疗程“捂”热的方式，促进血液循环，养分也吸收得更彻底。美国产品一向很实在，EL面膜用的是厚身棉，好处是吸收很快。敷10分钟后，温度也趋向正常体温时，就可以摘下。基本上不会滴滴答答，稍许按摩后，我会用化妆棉蘸雅诗兰黛微精华水擦一遍，再继续正常的晚间护肤程序。ANR面膜的优势，绝对是“修复”。保润度非常好，敷完感觉肌肤气色像是睡足了8小时般的饱满，嫩嘟嘟。品牌建议是一周一次。

SK-II Facial Treatment Mask 护肤面膜，是我的“面膜启蒙”。无论是面膜的质感、贴合度、舒适度，方方面面都做得很到位。Pitera[①]成分，赋予肌肤滋润和清透，是我每次到大中华地区的“必买”商品。好处是，整个旅程，肌肤状态很好。我每次在化妆水后敷20分钟，之后略略泼一点水，再用化妆水、精华、乳液或面霜。

① Pitera：SK-II的专利成分，是从一种叫作Saccharomycopsis的特殊酵母（在发酵过程中）提炼出的一种液体，内含健康肌肤不可或缺的游离氨基酸、矿物质、有机酸、无机酸等自然成分。——编者注

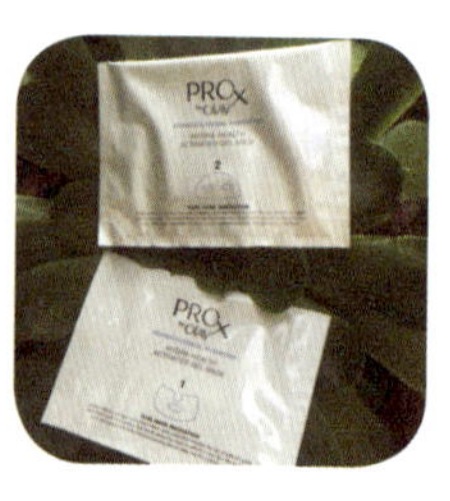

ProX by Olay Hydra-Health Activated Gel Mask（博研诗沁润健颜特护隐形面膜），是晚间护肤的最后一步，用于爽肤水、精华、乳液或面霜之后。啫喱材质的贴片面膜，一组分上下两个部分，如同第二层肌肤般吸附贴合脸庞。品牌建议是每周一次，连续用 4 周完成密集修护。

刚打开时感觉湿漉漉滑腻腻的，其实 5 ~ 10 分钟内，迅速渗透，也进一步把之前涂抹的所有保养成分封锁。敷后皮肤十分清爽，脸蛋滑溜溜的。完全没有任何的残余，一种什么都没有抹的“零”负担感觉，妙不可言。

Part IV 眼膜

信息时代，用眼量很大。眼膜能舒缓眼周疲惫感，对淡化干纹、黑眼圈、眼袋也有帮助。

Sisley Eye Contour Mask（希思黎瞬间紧致眼膜），涂抹式眼膜，适合晚间或不用上妆时使用。含植物活性成分、维生素及微量元素。凝胶质地，补水保湿，淡化疲惫引起的眼周问题。从下眼肚到外眼角周围，敷 10 分钟后，可以用纸巾拭去多余，或者不用拭去，就当是“过夜眼膜”在眼周形成保护薄膜，淡化干纹，帮助消肿。如果经常睡眠不足的话，可以试试连续使用。

Chanel Ultra Correction Total Eye Revitalizer（香奈儿修护眼部护理套装），内含 1 支滚珠 Eye Serum 精华液和 10 对 Eye Patches 眼膜，是一款连

续用 10 贴的眼部密集保养套装。先用精华滚珠笔在眼周按摩，冰冰凉凉很舒服，也能改善黑眼圈。也可以加用一个自己喜欢的其他眼霜，再贴上这对眼膜 10 分钟，像个小熨斗般，淡化眼周细纹、紧致眼周线条。早晚都可以用。如果有事先安排好的上镜，我建议提前 5 天开始，早晚都用。不但改善眼部疲态，笑颜也随之舒展。

Estee Lauder Stress Relief Eye Mask（雅诗兰黛舒缓眼膜），贴片式眼膜，特别适合早上妆前急救时使用。只需敷 10 分钟，就能感受到舒缓、滋润、补水、保湿，对淡化干纹、黑眼圈、眼袋效果显著，之后上妆也更贴合持久。

Part V 特殊功能的面膜使用小妙招

“敷面膜”只是保养的辅助部分，并不能取代有规律的日常作息和良好的日常保养，功效的确只是暂时的。但是，在尝试中，我也注意到特殊功能的面膜，和面膜的特殊使用方法，有效又有趣。

以下是我的面膜使用小妙招。

Chanel Le Blanc Brightening Cheek Mask（香奈儿珍珠光彩双颊面膜），美白是亚洲人的钻研强项，各类美白产品多，花样也多。最初它吸引我的注意，是因为听说萃取自香奈儿专属的 Akoya（阿古屋）两年生海水珍珠。（著名的御木本珠宝品牌小而美款式的珍珠饰物，通常用的就是 Akoya 珍珠。它以光泽圆润饱满曼妙著名，每粒尺寸小巧优美，很有大家闺秀的风范。）我当时的反应就是：“哇，香奈儿真是不惜成本。”这款双颊面膜用起来也很特别。面颊大小的两片面膜与精华，分在两个隔层。使用之前，先按住液体的部分，往面膜片方向挤，精华就涌过去，起小泡泡。多按几下，充分浸透。左右两颊，一边一片。袋子里多余的精华，还可以抹在脸部其他部位。敷 5 分钟后，像抹精华一样按摩全脸。之后用任一抗氧化喷雾，喷至脸微湿，再用化妆棉片稍许按干一点，之后是化妆水、精华、乳液等日常程序。我喜欢这款面颊膜的原因是，肤色立刻光洁透亮，尤其是面颊，不用打腮红，有种自然通透，微醺状态里将退未退的红晕，立体感加分，上镜很好看。它是我拍照、录影前的必备品，也是出差旅行必备品。

Caudalie Purifying Mask（欧缇丽净肤控油面膜），柔软的白色高岭土，鼠尾草、薰衣草等讨人喜欢的清凉香草味。这是一个典型的深层清洁毛孔中的多余油脂和污垢、帮助控油、减少暗疮和黑头产生的面膜。适合混合与油性肌肤。夏天用特别有效。可以在卸妆洗脸后敷全脸，5 分钟就速干，但不会干硬。喷几下欧缇丽 Beauty Elixir（也就是昵称的“皇后水”）补湿，继续透心凉地敷 5 分钟。用清水洗掉。超级降温，热气一扫而空，情绪都放松下来。深层清洁后，毛孔不油腻，脸色也清新干净。如果偶尔感觉吃得太油腻，晚上在 T 区敷 5 分钟，消炎杀菌，预防痘痘。旅行时，因为时差、食差等等，会比平时容易冒暗疮，必须想办法立刻把它们“镇压”下去。可以晚间保养后，点一丁点 Purifying Mask 净肤控油面膜在好似要“凸”起的位置。对轻微的症状来说，一晚就消。手边没有处方药的时候，这也是不错的急救方法。严重的痘痘还是要尽快看医生。虽然睡觉的时候脸上有几个“小白点”很可笑，但总比第二天醒来有一堆“大红点”好吧。

玫瑰的礼遇

去年年初从春暖花开的洛杉矶，到阴风细雨中的巴黎出差，刚巧赶上好友比预产期提前两周诞下女儿。洋女不兴坐月子，不过这位的家乡，至今保留着孕妇忌芳香与花草的风俗。如今总算开禁，她兴致勃勃地拉着我逛花店。

我望向窗外间歇下着的蒙蒙细雨，当时是气温不太低但走路不爽快的那种冷，以安全舒适为上策，于是我提议，舍近求远，干脆坐车去左岸的著名花店 Odorantes：“这花我送你，庆祝开禁之喜。”

记得十多年前第一次知道 Odorantes，是卡尔·拉格斐以香奈儿时装屋的名义给高定[①]客户送花束。他选的主要是羽毛般密叠的嫩粉色玫瑰，也必定是店里驰名的芳香品种，美得那么澎湃，却是那么安静雅致。花束里还插着钢笔写的《美女与野兽》的诗句。

寻得 Odorantes 花店地址后，每次到巴黎，只要有时间，都会遛过来看一眼。有时，选一打烟雾紫的古董玫瑰送自己，接下来几天鼻尖都缠绕着这股沁人的芳香。也曾挑上几枝胭脂粉的海葵，捧去 Pere Lachaise 墓园祭拜英年早逝的摇滚歌星吉姆·莫里森。临时需要参加巴黎友人的正式家宴，就挑几枝蓬蓬球般肥大的牡丹送给女主人，肯定换来会心一笑，也成为餐桌上谈笑间的话题。

最初化妆师 Emmanuel Sammartino（埃马纽埃尔·萨姆马提诺）和他的伴侣 Christophe Herve（克里斯托夫·赫维）开设 Odorantes，花束组合围绕“芳香”理念，完全打破过去以花的造型、花期、色泽区分的传统。

年初这次 Odorantes 花店橱窗展示恰好是我最喜欢的“冬季白天鹅”主题，

---

① 高定：按照客户要求为客户量身定做。——编者注

也是整年里最隆重最盛装的一季。店堂内，依旧是冷酷的石灰色的墙、黑色的家具，衬托得花朵们越发轮廓鲜明、颜色伶俐。

我忍不住闭上眼睛深呼吸，让绵绵的清冽花香在脑海里翻滚。好友脱口而出："啊，我那久违的天堂的味道！"这时候我不得不佩服法国女人自比"天仙下凡"的修辞技巧。她最终选了该店著名的墨红天鹅绒玫瑰，包裹在签名式的黑色纸中。我请店员写下诗句"I carry your heart with me, I carry it in my heart"（意思大致是"我将你的心安置在我心里"），饱含了她为人母的一生牵挂之情，也可以理解为不常见面但时常想起的好姐妹之情。

护肤品中，把"玫瑰"诠释且制作得最稳妥、最充分的，毫无疑问是馥蕾诗的玫瑰系列。芳香摩登清丽，不俗艳，不香腻，润泽保湿功效包容所有肤质，不过敏。

我的最爱，首推玫瑰面膜，敷后肌肤水润细柔，极富饱足感。有次去南美度假一个礼拜，其他人白天都被艳阳晒得发红，只有我好似安然无恙。朋友见我天天早晚捧着一大罐玫瑰面膜，敷上厚厚一层，于是也跟着一起敷，回来逢人就夸。隔年她送给我的生日礼物，就是一整套馥蕾诗玫瑰系列。我想，这也是送礼和收礼的默契吧。平时表里如一，让送礼的人很明确知道自己喜欢的是什么，别人就不会送错。有心人甚至会主动帮我"升级"，让自己的喜好局面不至于越来越窄。自组礼盒，既体面，又可以做到丰俭由人。

如今馥蕾诗玫瑰系列的产品更多了，保湿花水、洁面泡沫、眼霜使用感轻松舒爽，凝霜和精华乳进一步延长、提升"润泽保湿"的核心功能，实现深层呵护。

DORANTES

会被“一路追问”的玫瑰香水，大概、肯定、就是 Jo Malone 的“红玫瑰”吧。

记得有位很“实在”的男生，多年后重逢，周到地送来一整套 Jo Malone “红玫瑰”香水，附上便条“如今再送你红玫瑰，显然是不妥当了”。谢谢他的记得。

如果有些回忆一定不会忘记，那么潜藏在气味里，也是一种礼貌吧。嗯，若想把玫瑰香水送得再含蓄一点，Tom Ford 品牌的 Cafe Rose、Aerin 品牌的 Rose de Grasse 也是有品位又迷人的啦。

把美好的回忆打包，将幸福的点滴瓶装

当往日荡然无存，故人远逝，事物全非，唯有嗅觉与味觉永存。那股芳香，俨如幽魂，顽强地，以其最微妙最缥缈的精粹，在记忆里筑起了高楼大厦。这也是我喜欢获赠及赠送香水的原因，把美好的回忆打包，将幸福的点滴瓶装，渐渐地铸成属于自己的气味故事。

在我心目中，香水的迷人，正在于它有迹可寻，却无踪影，犹如因缘际会的耐人寻味。

一位爱送香水的男生

我有位男性好友，喜欢送已经停产的化妆品牌 Prescriptives 旗下的

Calyx 香水（这款香水目前在倩碧名下发售）给他钟爱的女郎。他的罗曼史也跟随着他的嗅觉记忆，穿州跨省越洋，从美国飘到中国。女郎爱上的，通常是 Calyx 喷上手腕耳后那一刹，从叶香间穿透的柚橙香，也正是他如今爱用的 Terre d'Hermes（爱马仕大地男士香水）开瓶元素，清爽醒神又不会稍纵即逝。然而，他爱上的，是拥吻时 Calyx 香水从肌肤毛孔里散发出不自觉的湿木影子，与 Terre d'Hermes 绵长的樟木香、胡椒带来的泥沼余味，缠叠得无比奇妙。

至今单身又不独身的他，曾送出的 Calyx 香水分量加起来足够泡澡，用完的 Terre d'Hermes 香水空瓶也开始可以砌炉灶。那些女郎，或许没有想到，在那些缠绵的日子里，他寻找的其实是灵魂伴侣。

我的 No.5（5 号）印象

我收过的香水林林总总，就像人生路上的旧爱新欢，唯独香奈儿 No.5 ，在我心目中有着不可取代的地位。

No.5 是我收到的第一瓶香水，干净剔透的醛香和温柔妩媚的花香，在一个无忧无虑的小女孩心中烙下精品世界的梦幻气息。有次，我到巴黎探访了香奈儿香水美妆典藏馆，简直像进入阿里巴巴的宝洞。从 No.5 第一代香水瓶，看到各个年代为不同需求推出的特款，处处表现了香奈儿宠爱女人，提倡把日子过得既放松又优雅，礼物的概念也是从一开始就贯穿至今。

No.5 是我少女时代的混搭饰物，最得意的模样是将香奈儿 No.5 香水 7.5ml 香精小瓶绑上礼盒丝带，长长地荡在胸前当项链。扁平的香水瓶身，Art Deco 艺术风格的简洁模样，随手拧开抹一滴补香，或者留条缝隙，在空气中留下 No.5 的芳踪。那时候要好的女同学之间流行互赠 Q 版香水，精巧可爱，是节日礼盒里的灵魂所在。最难求也最有收藏价值的是香奈儿圣诞节送给忠实用户的No.5袖珍版。每年都很有新意，盒子展开像立体书，中间卡着一枚手指甲大小的1.5毫升香水，纯粹为博佳人一笑，在eBay网购商城上竟飙至75美金。

No.5无意间也成了我谈情说爱的道具，情话绵绵之际，不自觉地把玩胸前的No.5香精小瓶项链，触动有缘人的好奇和赞美，试探着伸手拉起丝带链子，凑近一点、靠拢一点，心动犹如瓶中的微波粼粼。知情识趣的男伴，从此将No.5与性感情趣产生连接，送的礼盒最是包罗万象。我总喜欢把No.5润肤香水皂挑出来，留在男伴的浴室，好像整个房间都弥漫着我的香气，每一次的冲洗都带来扑鼻清香，润物细无声地分享着彼此的气息。或许正因为如此，对方越发肯定“只想拥有你”吧。

最新的L'Eau 5号之水，那些“懂你又不懂你”的广告口号，听得叫人云里雾里。其实，根据我这阵子天天用的感受，这一款闻起来伴着玫瑰花瓣与橙柠水的清爽粉嫩味，喷在肌肤上立刻如肥皂泡伴着水雾般清新怡人，却留下一个清清凉凉又暖暖淡淡的香影。或者说得更直白一点，就是理想中刚刚洗完澡的味道，而且不同人用，闻起来很不一样。明明是一瓶经典百年、熟悉得不能再熟悉的香水，竟然还能在新瓶中千变万化，真不简单。这才是这款5号香水历久弥新、让我重新着迷的主因。

香味是一种气场，香水瓶又何尝不是。随手把香奈儿No.5放在家里时常走动的角落，比如正在看的一叠书籍旁，No.5的Art Deco方瓶子显得很文艺；放在玄关钥匙小桌上，让出门与回家的片刻不再感觉匆忙；出现在书桌上，正好可以当镇纸，凌乱中也有秩序，静静地在日常生活中传达一种心情、一种姿态。

N°5
CHANEL
PARIS
EAU DE PARFUM

N°5
CHANEL
PARIS
EAU PREMIÈRE

香奈儿小姐本人也是送香水的高手。当香奈儿 No.5 刚做好的时候，香奈儿小姐深知上流社会名女人们有一种“点石成金”的得意，于是她不急着推出，只是在公寓里、工作室里随时喷洒，偶尔送给相熟的知心女客。惹来询问时，她轻描淡写地说“调配了少量送礼用，不过如果你觉得会畅销的话，我就考虑推出吧”，立刻引起大家捧场，争做那个“香奈儿 No.5 的伯乐”。

这样的“礼”，在送与收之间，搭建起了一座桥梁。超越了“物”，更重于“情”。

漂亮的香味很多，容易爱上的，往往因为随之发生的美好点滴，综合为嗅觉的烙印，铸成属于自己的气味故事。

（1）男女共爱的分享之香

精品名牌中 Hermes（爱马仕）是少数愿意花心思研究中性香的，在男香与女香两大类之间，开辟了一个主张分享之香。Eau d'Hermes 恰似情侣拥陷于皮沙发椅中，催化着情意绵绵。Voyage d'Hermes 轻盈的木香缱绻于琥珀的柔和。四款 Jardin 花园系列围绕着清脆的花草、灌木、雨露与湿地的微辛，在约会时交叉感染。以混搭著称的 Jo Malone 淡香水，原本设计给女郎的香款，男人也很爱。比如 Lime Basil & Mandarin、Amber & Lavender 香得特别清爽。

我很喜欢与男友一起挑香水，了解他对某些香味的特殊感觉，他也因此了解该款香水在我身上留下的特殊味道。不知不觉地，香水与情境产生连接，嗅觉为记忆搭起了桥梁。

Jo Malone 这三瓶像我家的“门神”，随手摆在眼睛常能看得到的角落。

Lime Basil & Mandarin（青柠罗勒与柑橘），是我偏爱的冷香。

Red Roses（红玫瑰），惊艳不俗艳，带有露珠的清灵味道，香痕中含着醉意。

Nectarine Blossom & Honey（杏桃花与蜂蜜），我果香用得比较少，各种桃香是例外（就像我不喝酒但喜欢 Bellini 是一样的道理），这款就是香水中的 Bellini，香甜可口。

Tom Ford 最初的 Private Blend 香水系列里，Neroli Portofino（绝耀倾橙）香水是最著名的男女共爱之香。饱含了薄透轻盈的薰衣草、茉莉、迷迭香、橙花以及佛手柑、甜橙等花果香，缠绕着根茎木香与琥珀香，如抽丝般难以忘怀。日后发展为一个单独的系列，衍生出更柔更娇更媚的 Fleur de Portofino、性感来得更清爽的 Costa Azzurra（绝慕盛华）、典型男士古龙水但女郎用时特别干净剔透的 Mandarino Di Amalfl（绝谧橘境）等。其实，同一款香会因为男女荷尔蒙、油脂分泌的不同，产生微妙的变化。女士使用时，较快挥发出一股轻暖，男士使用时则多一些湿度带来的薄甜。

（2）时装品牌的男女对香

人的嗅觉通常会忽视自己气味的存在，却对别人的气味感到兴奋。因此很多时候不知道自己喜欢什么适合什么，直至在某个美好的气氛里，收到了“那瓶香水”，并被告知“很好闻”为止。在同一类基调上做变化的服装品牌男女对香，既给予惊喜的空间，又能轻易地融为一体。把自己喜欢的香水之异性版本，赠送给对方，表白的意图很明显，一旦用上，不自觉地融洽得“你中有我、我中有你”。

Gucci 的“罪爱”扑面而来不同的花果香极易讨好，男香中用上女香元素，女香中用了男香元素，最后烙在肌肤上的，是女香的琥珀与男香的广藿香，暖冷交叠得很催情。

（3）小众独门的玩弄之香

玩香玩到一定程度的，势必不甘心依附于大时装屋的香水品牌，而转向调香师品牌或者小众制香坊。比如 Creed、L'Artisan Perfumeur、Byredo、Cathusia、Serge Lutens、Christopher Brosius 的 CB I Hate Perfum……这类香水的记忆点很特殊，无论是区域、故事、材料的选择，还是大胆的创作概念，最后融合出来的香水，总有些许难言的“不同”。如果突如其来地在空气中飘散，往往是“芳香”之外的另一种感触。如果你愿意解释，它们的“不同”可以是极好闻的、极留恋的这样苍白的词汇。

比如 L'Artisan Perfumeur 的 La Chasse aux Papillons（直译就是“追逐粉蝶”）清一色的白色香花，柔美不甜腻，启动了之后许多品牌的模仿，它虽然清香但是浓度较高较暖，甚至有种烘焙店的奶油余香。

Cathusia 香水品牌的 IO Capri 香氛，忠于原产地卡普里岛上的气息，无花果的偏中性主轴，带点干茶叶、淡烟草的薰柔感，在阳光普照的地带，慵懒地存在着，令人陶醉，可在阴湿潮冷的环境中最常听到不熟悉的人第一反应是“怎么有股闷久了的橱柜味”，可见差异之大。这就要看“送香人”如何把它们融入与“收香人”的共同情节中了。

（4）度假专属的回忆之香

品牌 Eau d' Italie 诞生在意大利波西塔诺的 Le Sirenuse 酒店，经典的同名香水就是酒店的专属香，仿佛闻到露台上种植的香柠气息、吸饱水的赤陶花盆在阳光下冒着的湿气、远处飘来淡淡的焚香和晚香玉的香气，许多美好的回忆和幸福的点滴涌上心头。Au Lac 酒店又让我们想起某年春暖花开时的假期，Un Bateau Pour Capri 香水将花果香脂粉香演绎得无比清透，仿佛一路瓶装着卡普里岛夏日艳阳炙热的温度与微波粼粼的水雾。

（5）情到浓时的宠爱之香

送女郎香水的秘诀，就是要把她“宠爱”得不切实际。比如，送她雅诗兰黛的 Muse（缪斯）香水，告诉她：“你是我的灵感女神，我的人生不能没有你。”

当感情如漆似胶，互信指数爆灯的时候，男伴便越是喜欢她的全部，也习惯她的全部。他希望每天想起的她、看到的她、听到的她、闻到的她，是一致的。这样，他觉得安心。因为，他真正地只想拥有她。所有的新，也都是建立在熟悉的基础上。有着近百年历史的香奈儿 No.5，熟悉感无与伦比。但是它随着时代、女人角色的演变，不断地进化、扩张，历久弥新。Eau de Parfum 香水高调鲜明，低调奢华版 Eau Premiere 香水通盈迷离，2016 年请来香奈儿御用女郎凡妮莎·帕拉迪斯的 16 岁女儿莉莉－罗

丝·德普代言新版 5 号之水，核心都是女人一生对自己的尊重与接受的宠爱。

去年整个秋冬大都在用 Acqua di Parma（帕尔玛之水）Acqua Nobile Magnolia 与 Iris Nobile Sublime 这两个系列。这个牌子的香水，无论是什么味道，都带着点烟水荡漾微波粼粼。

最后，分享一个我的小小的选香心得：

寻找香水，不要太注重前调、中调和后调。

很多时候，最喜欢的香水，往往是因为感觉对了。

第三章

我的时装哲学

穿对的衣服，而不是把衣服穿对

企业管理学中有个经典战略，“做对的事，而不是把事情做对”，当年修读国际金融专业时，它曾给我留下深刻印象。日后活学活用，助我厘清许多职场上生活中的纠结。渐渐地，“穿对的衣服，而不是把衣服穿对”也成了我的着装方针。

我心目中“做对的事”的基本原则，是把自己的位置摆正，运用恰当的资源，把最擅长的事尽量做到最好，并持续下去，不勉强不妥协不委屈。

有把握地冒险，才是人生赢面最大的赌注。第一步就稳操胜券，信心也能贯彻始终，那么未来无论面对的是惊涛骇浪，还是风和日丽，都能保持清晰的头脑，妥善执行，泰然处之。有时候，整件事一开始就是错，即使排除万难最后有个圆满结局，过程中累积的隐忧内患，也会像定时炸弹在未来爆发，甚至拖垮全局。

穿衣打扮也是同样道理。如果你生就一副大家闺秀模样，言谈举止、生活方式、工作风格都流露美好的质感，又不热衷于过分华丽，那么值得借鉴的是中国名模孙菲菲的日常装扮。正如 VOGUE 时尚网选她入 2014 年街拍奥运排行榜所做的评论：“当借鉴男生穿搭的模特已随处可见，菲菲保持着她一贯的典雅风格，注重轮廓层次，模样靓丽且整洁。”根本不需要去学凯特·摩丝和艾里珊·钟的吊儿郎当，对年度首席名模卡拉·迪瓦伊的古灵精怪报以微笑已足够。

时装杂志每季都会大幅报道最新潮流，从颜色、面料到图案、廓形，如何搭配才算时髦。可是，我非常清楚不可能每一项潮流都适合自己，如何添置新衣，需以自己的喜好、展现自己的优势、符合自己的最佳状态为考量。

穿上对的衣服，肢体律动最是自然舒畅，美感与自信油然而生，也能留有余力去应付更棘手的状况。持之以恒的话，个人风格也因此养成。

反之，抱着排除万难的决心，硬要挑战不适合自己的最新潮流，或许留下了时髦的印象，或许实践出意外的惊喜。然而，用尽全力把衣服穿对的美感底下，掩饰不了明知有破绽的心虚与可以更好的遗憾，以至自信就像空中楼阁那样，不堪一击。

别听信什么“穿对的衣服是聪明，把衣服穿对是本事”的谬论。本事再大又如何？不是自己的风格就什么也不是。

热纳维耶芙·安东瓦·德阿里奥女士在 1964 年撰写《优雅》一书时，曾说：“当时尚潮流不适合你的时候，不要跟风，因为你总能买到适合你的款式。”以我个人为例，过去几季十分流行洗得泛白又破洞的牛仔裤，就不在我的“对”的名单上。于是，我不去纠结不穿泛白破洞会不会落伍，也不去浪费时间妥协着去找收敛一点的款式代替。我很干脆地让衣柜里的牛仔裤们集体放假，趁机大穿特穿百分之百为我身材比例加分的西装裤、骑马裤和各式各样的裙子。

穿对的款式，优化着装姿态，轻轻松松地胸有成竹。

2015 年，我曾面临颜色的问题。Pantone 公司宣布当年大热色是 Marsala（玛莎拉酒红、猪肝红、酱汤红，也有称“姨妈红”）。我通常对腌酱和内脏没什么好感，同类色彩也不列入我的“对”名单。但是我明白，每当食物系色彩流行，就意味着大气候重视身心灵的安康。我不会强迫自己与 Marsala 纠缠不清，也不会退而求其次地找一些浓浆色代替。我从适合我的浅色系中，选出糯米色、豆腐白、粉红亚麻等祥和又暧昧的颜色，让那个春夏过得从容不迫。有趣的是，现实生活中，“姨妈色”被嫌弃得不行，反而是那些“祥和又暧昧”的颜色，在 2016 年广受欢迎。

所以说，“穿对的衣服，而不是把衣服穿对”不是无视潮流唱反调，也不是被自己的风格绑架故步自封，而是追溯潮流的源头，弄懂潮流的形成，从中找出共通点，聪明大胆地唱自己的调子。

条纹衫与香奈儿

个人风格跟这款衣服、那款鞋子没多大关系。我想，应该跟自己喜欢的人事物有关。

比如说，如果你就是喜欢打鸡血，那么你表现出来的，就会倾向“雄赳赳、气昂昂”的感觉。穿蕾丝、雪纺那些甜腻腻的玩意儿，也不会改变什么。穿越回到 20 世纪 30 年代的老上海，穿旗袍也会有股梁山好汉的味道。如果你一天最大的喜悦是赶着回家有猫猫狗狗陪在身边、煮点有的没的、聊聊天放放空，那么就算你穿上盔甲，也是温柔的。两者之间，并没有好坏之分。只是风格不同。

至于我的风格，大概可以说是：新衣服看起来不太新，旧衣服不太旧，休闲时穿得不太随便，隆重的时候又不会特意打扮。

洛杉矶的闲适松弛大气候，滋长了我这种风格。

我的衣柜必备衣物中，条纹衫与香奈儿时装是一年四季出穿率最高的基本款。

渐渐爱上条纹衫

我小时候很长一段时间里，排斥任何带条纹的东西。后来发现纤细身形（也就是上海人说的“小骨架”）跟条纹衫很搭，才渐渐爱上。

对我来说，条纹是一种色块组合，不是款式，也跟水手海洋风、邮轮风、度假风什么的无关。条纹衫有色泽间隔产生的视觉透气度，又够简单，冬天套在深色衣服里不会太沉闷，夏天与浅色搭入夜又不会显得太凉，可以给普通款式多一点调剂，又可以让精品类的服饰在平日里显得不太张扬。

比如，香奈儿外套辨识度很高，我也常穿。自从把香奈儿品牌介绍给几位新贵太太后，她们整季整季地买，从头到脚地穿。我很开心，我家附近的香奈儿专卖店也很开心。但有时候搞得我反而不好意思，因为毕竟我穿香奈儿比她们有经验，我知道选香奈儿的衣服要有的放矢，店员也比较懂我。

条纹衫，是我日常和旅行随便穿时，用来搭香奈儿外套的。

某年 11 月底去台北、上海、北京，经历了夏秋冬的气温，一件 100% 开司米条纹衫很神奇，暖、柔、轻、薄，又不会闷，再加两件条纹 T 恤，北京 3 度、上海 13 度、台北 23 度，一路轻松自如。

慈善晚宴、年会之类冗长繁杂的活动，我通常不久留，人到、签到、钱到、礼到，跟熟友们打打招呼，主菜还没上，我就走了。低调内敛的小礼服或闪亮的外套或戴几件钻饰，足够。这种时候，轻薄的丝或暗里有不透明纱或掺着暗闪丝的开司米条纹衫就显得既稳重又不太兴师动众。

休闲条纹衫很多，但是要内搭穿起来很舒服，居家穿也好看，脱去外套又不会像内衣，有线条，有纹理，价钱适合常买常穿，如此面面俱到，也不容易。

日本牌子一般都不贵，但我不碰，因为一穿起来会有种日本人普遍的含胸身型和僵硬比例。

美式休闲装一向很厉害，精髓是朝气蓬勃，穿上身就有种律动感，即使是基本 T 恤也自带腔调。条纹衫却一直像是“随便做做的副业”，从没真正花过心思。

好看的、价位适中、久看不腻的条纹衫，在法国。

Petit Bateau（小帆船）是大街小巷都有的法国儿童品牌，最出名的是小男生 T 恤，后来才开始做成人装。典型的法国国民衫，也深受不同国籍种族的人喜爱，很得休闲装精髓。因为从童装起家，它的传统板型条纹衫款式有小女生的纤细特色，尤其是肩位窄、袖腋高、袖子细细的，手臂比例特别显长。衣长适中，但如果喜欢阿妈式超长宽松款，就不会习惯。

Petit Bateau 的成衣系列，款式变化更丰富。总的来说，适合身形偏瘦偏纤细的女士。也因此特别适合搭配我喜欢的香奈儿外套。20 世纪 90 年代中期，卡尔·拉格斐就曾经把 Petit Bateau T 恤搭配香奈儿套装送上 T 台。那时候正处于法国时装业的低潮，却看得出整个法国时装业比外界想象的更加团结、更互助互利。

虽然我买的 Petit Bateau 标的都是大人尺码 XS 与 XXS，但标签也会附注相应的童装尺码，于是总被无言地提醒自己才 12 岁女童身材，蛮困惑的。品牌大概也很清楚自己是做童装起家，偏偏大人又喜欢，于是做出来的大人装有点“制服感”，倒是很有意思。

Petit Bateau 也有男装系列，数量非常少。想要宽松的感觉或是“下半身消失”的那种穿法，又不想买女装的宽大版，我会往男装里搜寻。偶有惊喜。

另一个喜欢的条纹品牌是 Saint James。镇牌之宝“传统水手线衫”，其实是品牌在 20 世纪 80 年代才开始做的，最原始的 Saint James 时装是条纹羊毛衫。我喜欢 Saint James 品牌每年秋冬款的羊毛针织裙，藏蓝底或黑底配玫瑰红条纹，款式是规规矩矩的大家闺秀模样。

跟 Petit Bateau 的纤细度相反，Saint James 衣服的尺寸是典型的“劳动衫”，松阔也偏短，比较能包容骨架略大的身形。嫌 Petit Bateau 太窄太小的朋友，我常推荐她们去看看 Saint James。因为 Saint James T 恤衫的阔与大，不会显得臃肿。我常买的女装条纹衫，是短袖和七分袖。颜色很多，米色底 / 藏蓝条纹好看，其次是米色底 / 红条纹与藏蓝色底 / 红条纹。米色底 / 天蓝条纹，我个人认为男生穿比女生穿更好看。

Saint James 前些年开始推出了一个 L'Atelier 系列，走的是精致休闲

路线，线条修身，面料质感扎实，正常袖长，尺寸也做到0号，即XXS，跟Saint James一向的阔大感完全不同。

在我眼中，Saint James跟Petit Bateau最大的不同是客户群，而不是单纯的价差。

走进法国各地的Petit Bateau专卖店，几乎可以看到全世界各色族裔，路过的学生党、上班族，专程而来的游客，门口有司机等候的世家或新贵，都有。在这里购物，不觉得被孤立，也不觉得被分类。店员应该也见惯各路文化，不会对谁特别殷勤，也不会对谁特别冷淡。

然而，法国Saint James各分店里近年往往挤满了韩国人、日本人，几乎看不到法国当地人的踪影。在Instagram上稍微搜一下“#Saint James”，出来的也大多是日韩两国人民。在法国以外，Saint James常见于买手店，并被设定为“法国原汁原味”。落差真的蛮大的。

当一个品牌太偏重某一个市场的时候，那个市场就有了不可回避的代表性。以穿衣来说，尤其是休闲装，穿者喜欢的是一份世界大同的包容感，最不喜欢被某一部分地区无端端地代表。

毫不犹豫地爱上香奈儿

有部电影叫《穿普拉达的女王》，女主角安妮·海瑟薇决心摆脱“时尚菜鸟”形象时，央求艺术总监史坦利·图齐帮忙。而且她想一夜之间就能成功。后者一边唠叨着这是不可能的，一边坚定地说：“你迫切需要香奈儿！”

现实生活中，当我对某个场合、可能见到什么人、该怎么打扮有点疑惑，我就会毫不犹豫地挑一件香奈儿时装穿上。逛街、约会、家宴、派对、会客……

任何时间和场合都合适。

与大部分从名牌的手袋皮鞋入门不同，我的香奈儿入门款，是服装。从第一件香奈儿到现在，我穿香奈儿已经陆陆续续 20 多年。但是，时间越久，越有经验，我越不想谈“为什么喜欢穿香奈儿”。因为，这不是一两件、一两季说得明白，或是看看秀、摸摸面料可以了解的。品牌故事也无须我多讲，网上到处都有。我也过了一厢情愿喜欢某个设计师、某个品牌的阶段。对任何品牌或设计师的批评或中伤，听在我耳朵里，也只不过就是“嗡嗡嗡，嗡嗡嗡”。我选择的任何服饰，都是基于“为我服务”，不会带给我额外困扰和负担。香奈儿也是如此。

是，我知道香奈儿时装在超级名牌里，价格都算是很贵的。所以，我常说的“凡事量力而为”，也是我的肺腑之言。

我个人对香奈儿品牌的态度，有三次大幅度的转变。

十几岁时，对香奈儿沉迷得不得了，珠子链子花穗穗，亮澄澄粉嫩嫩的色泽，一切是少女梦想长大的样子。那时的花呢外套，全都绲上几厘米缎边。

之后，已经长大但翅膀还没硬的日子里，周围唠唠叨叨的美丽妇人越来越多，每一个都是身材横阔竖大，每一个都是从头到脚色泽配得完美无瑕的套装外加金链条菱格包双 C 扣。一看到，扭头就走。反正，她们有的我不要，她们的穿法我不学。

接着，翅膀硬了（也可以理解为，刚刚开始事业顺利、薪水不错、衣食无忧）。抱着“与其看人家糟蹋，不如让我来精彩”的心态，开始青睐香奈儿。早年尘封的一一打开，很惊喜有些新作越来越细腻精美，也会避开素材被简化的新版。总之一发不可收拾。

荧幕上的关于可可·香奈儿一生故事的电影，我最欣赏的是由索菲亚·科波拉与她父亲（《教父》的大导演弗朗西斯·福特·科波拉）联手拍摄的《没有佐伊的生活》（*Life Without Zoe*）（是电影《纽约故事》三部曲中的第二部）。

这部电影，很多电影人认为空洞粗浅。觉得无论是镜头的运用，还是素材的选择，都很不“科波拉”。时装人却看得津津有味。尤其是剧中的香奈儿气氛，明显出自索菲亚的手笔（索菲亚15岁时曾在巴黎香奈儿时装屋实习）。

该片讲述一个非常成熟世故的12岁少女佐伊，在纽约上流社会的梦幻生活。大约就是索菲亚小时候翻看*W*、*VOGUE*、*Vanity Fair*那些杂志的社交版、生活版产生的联想。

爸爸是长笛吹奏家。妈妈是社交名媛，从头到脚清一色香奈儿套装及首饰手袋的优雅贵妇装扮。两人整年飞来飞去。少女佐伊就独自一人由管家照料，住在纽约的酒店公寓。每天到酒店楼下的账房先生那儿，签账领零用钱。读的是私立学校，上学打扮常常是香奈儿叛逆少女版本：香奈儿经典花呢外套+冒牌茶花T恤+破洞吊脚麻袋牛仔裤+招牌双色芭蕾舞鞋，头戴与外套同款花呢料的淑女帽，东倒西歪地斜挂菱格金链手袋，再背个大书包。这种对名牌不羁、反叛、从容的搭配，恰恰是后来最时髦的香奈儿穿法，影响了整个90年代，至今依然余芳未了。

佐伊和小朋友们在学校里办校刊，学*Vanity Fair*杂志那样访问公子哥儿背景的外籍同学（中东小王子）。放学后，她就约了同学们到家里玩过家家。把妈妈的香奈儿耳环、珠链、腰链拿出来，像堆圣诞树一样地往各自的身上挂。假日里，盛装打扮去更有钱的同学家参加派对，对什么都见怪不怪，其实对什么都好奇。

难得与妈妈爸爸聚在一起，不是去俄罗斯茶餐室就是去21 Club餐厅，

都是颓废浮华的经典社交。小小心愿只不过是一家三口快快乐乐直到永远。

佐伊会不会寂寞？问这个问题的，才是傻瓜。因为如何面对这个问题，如何解决寂寞，她比任何人都更有经验。佐伊说：“别人要不要跟我玩，是一回事，只要我自己有很多很多的朋友，别人就会探过头来问，可不可以和我一起玩。”这里所说的“朋友”，不只是朋友，更可以解释为金钱、名利、物质、成就、学问、修养……不要管别人是否认可自己，只要自己做得好，自然会获得认可。（你瞧，简直就是当今社交网站和自媒体的翻版。只要粉丝够多，自然会有广告找上门，也会有更多粉丝找上门。这个世界，其实并没有太大的改变。差别只是，佐伊有品。）

电影也特地找来 20 世纪 90 年代香奈儿时装屋的首席代言女郎，法国女星卡洛·波桂客串化装舞会神秘公主，最是意外惊喜。整部戏把卡尔·拉格斐笔下的全新香奈儿精神：年轻优雅，富有生命力，诠释得淋漓尽致。

被公认为“现代女装始祖”的可可·香奈儿女士，大半个世纪以前就预见了时装的未来属于成衣。她巧取男装元素，在高级定制领域里，做出耐人寻味的简洁女装。“裙子穿着不舒服，就不是好裙子。纽扣就该有扣眼。口袋要放对位置，要有用。手臂抬起来觉得很费力的话，袖子就该重做。服饰之优雅，在于肢体可以百分之百地自由舒展。”以至于一旦穿惯了香奈儿，那种持之以恒的轻便简洁与优雅细腻，很容易成为一生的依赖。

可可·香奈儿注重实用性，她对艺术的诠释，是恰如其分的，甚至隐藏的。她也明白女人对服饰保有梦幻情怀与精美欲望，所以各种元素强调先锋以及独家。她的座右铭“想要不可取代，就必须十分独特”，既是敢言的个性，也是品牌不妥协的制衣技巧。过去，Rodier（罗迪尔）面料厂曾替香奈儿时装屋制作精织版针织面料，命名为“Chanella”。时至今日，精织花呢由 Lesage（雷萨格）刺绣工坊独家研发，珠宝纽扣、底色合一的真丝内衬、手绘的暗纹茶花图案、手织绲边等等，都保持独一无二。

以我个人 20 多年来的购买经验，香奈儿是唯一的精美度总的来说不断超越往昔的品牌。

现任掌门人卡尔·拉格斐说：“时装概念的年轻化，面料趋向轻盈，尺寸收放自如。但别忘了，这是香奈儿，必须更加精工细作才对得起这个售价。”忠心的香奈儿女客，并不在乎价格，要的就是季复一季让人心服口服的真材实料。即使一年中偶有一季的偏差，也很快会补救回来。

给我印象最深的是，80 岁高龄的可可·香奈儿在接受电视访问谈到时装屋未来时，信心十足地说：“这个世界上，你大概找不到另外一间时装屋，像香奈儿有这么多这么优质这么忠心的客户群，它是一个深不可测的宝藏。”

可可·香奈儿注定是那种活着不写回忆录，去世后不断被撰写的传奇女人。“谁相信写回忆录的人呢？”在《当时尚诠释历史》一文中，她曾如此写到。

听得最多的故事，大概就是可可·香奈儿与男伴们的罗曼史，他们对她事业、社交的帮助与启发，也奠定了香奈儿女服来自男装元素的洗练简约轮廓。

坚信女人必须经济独立才有立足之地的可可·香奈儿，外表很小男孩，内心却敏感纤柔。

在品牌标记的黑与白之间，香奈儿女士最爱的米色，“那种黄昏掩映下，海潮退后，被海水浸润过的沙滩的颜色”完美诠释了潇洒中性又兼顾女性柔和的美学。香奈儿文化展览中，策展人尚·路易·弗蒙把各类米色衣物及面料，垂坠地堆在地上，起伏的层次，带有波纹的急缓，就像退潮后的沙滩，黄昏的光影与海水的润泽。

她深受一生最爱、像家人般重要的男人鲍伊·卡柏的见神论影响——万物永生，就算是一粒尘土，也不会消逝。很迷信也很念旧地贯穿于整个香奈儿时尚王国：公寓里成双成对的摆设、经文书脊上的星星、幸运的5号、2.55手袋的情书暗格、参加卡柏先生葬礼的丧服亮相演变成经典的小黑裙，甚至双C标记也被猜测是代表“Chanel（香奈儿）女士与Capel（卡柏）先生”

当年资助香奈儿立业的卡柏先生，始终如影随形。更神奇的是，卡柏先生过世后，他的遗孀戴安娜·温德姆夫人竟然成为香奈儿公寓的常客、品牌的忠心顾客。

习惯·性·情趣

法国著名的小资女作家弗朗索瓦丝·萨冈曾说：“其实，女人的衣服毫无意义，除非，男人想把它脱下来。”

啊，难道“法国女人会穿衣服”只是个美丽的谬误？所以那些优雅啦、个性啦、风格永存啦，都是胡编乱造的？还是说，当“一味露”小姐，遇上“一味脱”先生，最有意义的那层女服，原来只是内衣？

印象中，法国女人“视脱衣为情趣”的文化，立足于旧时巴黎上层社会沙龙交际花们的接客服。法文称“交际花”为“Horizontale”，字面意思就是“玉体横陈”。她们穿着丝绒晨褛、半束身胸衣、吊带露背短丝裙，配高腰蕾丝短裤或薄纱长裤，慵懒诱惑中看似有几分矜持，可以一层层一扣扣地慢慢捉摸，其实呢，腰间也有条束绳，一抽即散。后来，出得厅堂、入得闺房的接客服，演变成小两口增添情趣的“闺房制服”，又被时装设计师用成衣思维改造为歇息服，在海滨、泳池畔、度假村发扬光大。

如今，内衣、睡衣、闺房制服、歇息服，统称为体己服，属于日装、晚装、便服之外的另一大类别，并日趋时装化。重视程度逐年攀升的体己服，也变相把居家精致生活普及化，越发坦然地将“习惯性情趣”融入生活。

中文标题《习惯·性·情趣》故意把词组点开，让这三组关键词自行组合。原本略显“少儿不宜”，如此这般后显得比较艺术，一如《色·戒》。而这个“·”，也的确是一种流行习惯，比如陈可辛的电影《如果·爱》，李宇春的歌《下个·路口·见》，把原本轻描淡写的情绪，带出一份灼热强烈的跳跃感，间中因“·”点开后的想象力，又明显是模棱两可错综复杂的。

“·”在时装语言里，也可以视为当代语汇技巧之一，扭转一些陈旧的观念。

已有20多年历史的“维多利亚的秘密”内衣秀，可以说是把与内衣关联的“性”，成功地从“禁忌”演变为“乐趣”、“情趣”，并深入了民间。1995年首次登场时，“维多利亚的秘密”内衣秀的天使们，就伴随着流行乐，耀眼灿烂的舞台背景，性感之余，更放大健康、快乐、甜美、光明的热闹气氛，感染着观众。看完“维多利亚的秘密”内衣秀，大饱眼福之余，很兴奋很开心地编制着共同梦想：女人想成为“天使”，男人想约会“天使”。而有些内衣秀，因为刻意注重内衣的“性感”、“诱惑”，模特烟视媚行，伴随靡靡之音，极尽色诱挑逗之能事。大型演出时，观众群中兽吼夹杂着戏弄的口哨声。小型茶会时，席间鸦雀无声，仿佛各怀鬼胎。又怎能大方地宣之于口、付诸习惯？

内衣外穿，也一直是时装界不离不弃的挑战，早在1990年麦当娜，就借让-

保罗·高缇耶之手，将尖锥胸衣推上舞台，创造出表演艺术新气象；演员伊娃·朗格利亚也曾经穿着范思哲连身胸衣登上颁奖台，赢得掌声美誉。始终难以引起广泛共鸣的关键，不是款式太暴露、概念太新潮，而是展示的方式，一贯太舞台。后来Lady Gaga（昵称嘎嘎小姐）干脆将紧身胸衣穿入日常生活，走在洛杉矶街头博尽天下镜头。潜移默化间，内衣的看与被看，都多了一份“异中求同”的合理性。内衣也越来越讲究“如果要露的话，如何露得好看”。这些年，天气稍热一些，宽大的背心、性感的吊带裙里面，与其用隐形带、胸贴，还不如搭配泳装款或运动型的内衣，露得健康，脱的时候也大方漂亮。

选一只可以天天伴在身边的手袋，就像选男友

手袋有很多种，有的特殊场合偶尔用一两次，有的适合旅行，有的伴着晚装出现。

选手袋的标准与选“男友”的标准一样：

（1）用胳膊挽着、肩上搭着、手中牵着；

（2）内在有价值，外在有颜值；

（3）精品，肯定难求；

（4）必要时，需要抢；

（5）允许变心，不在乎天长地久，只在乎曾经拥有；

（6）发现处于上升期时，必须毫不犹豫地先下手为强，“我有你没有”

就是跑赢先机；

（7）神魂颠倒或举棋不定时，向好友倾诉征求意见，却得提防好友是否别有用心；

（8）得到心头好，第一时间在姐妹间亮相，也是一种炫耀；

（9）永远不要分享，因为别人或许不愿归还；

（10）适合自己身高、体重、比例、生活习惯的，就是最好的。

当女人想要买一样很贵的东西的时候，通常会跟自己说："这是我每天都可以用到的。"对上班族来说，这就意味着一只刚柔并济的通勤手袋，容纳公务文件与私己小物，体面地迎送往来，又低调得有个性，适合朝九晚五，偶尔还能陪伴着跳舞唱歌到天明。

是啊，就像以结婚为前提的交往，会认定是一辈子的事。选一只天天可以带着的手袋，跟自己的生活之一切都要很合，也总是愿意多花一点心思。然而，"可以天天用"只是让自己有这个借口，未必真的天天用。

我对 It Bag（一定要拥有的包）一直没有那么痴迷，但是对"It Bag"形成的经济体系由衷佩服。每年还是会看一圈新秀 It Bag，心中有谱，即使是另一种"谱"。

近来上下班用的通勤手袋选中的是纪梵希鲨鱼包。它可拎可挎可背，包身不重，线条简洁，廓形正派。我选的两款内外都是轻软的麂皮（浅褐色）和小羊皮（肉粉色），有一份考究的风格，刚柔并济得恰到妙处，完全没有某些品牌因过分强调中性而落得沉重僵硬的败笔。内里尺寸刚好可以平整地放入一本薄薄的 A4 文件夹，必备的美妆随手可及，也足够宽敞容纳整套化妆包，方便下班补个妆直接去约会，却又不会大得像做苦力一般辛酸。最棒的是，纪梵希鲨鱼包有整面的盖子，隐私度极高，即便手袋里面乱成一团，

外面看起来还是收拾得妥妥帖帖，多么掩人耳目、临危不乱。鲨鱼牙齿造型的金属扣，似低调又有些硬朗的轮廓，很符合职场女性需要传达的积极、果敢、坚强、聪明、执着的讯息，也暗示对手别乱来。

一只可以天天带着的手袋，其本身如果处在“上升运”的话，对用者来说也是一种助力。你可以把这个逻辑，理解为比大多数人先一步选上一个大热的手袋。这也是我选纪梵希的鲨鱼包的原因。

当然每个人所处的环境不同，所看到的“上升运”也会不同。我的着眼点是，整个2016春夏时装周，纪梵希大秀选在意义重大的9月11日那天空降纽约造成轰动，并首创在社交媒体广发800张公众赠票，形成史上最庞大的围观人墙。开秀前漫长的等待，是难得的闲暇，欣赏被夕阳染成红粉绯绯的旖旎天际。行为艺术家玛丽娜·阿布拉莫维奇慢条斯理的演出，10年来国际顶级设计师里卡多·提西为纪梵希酝酿的经典元素也渐进地呈现，柔媚的蕾丝飘舞，性感得十分大气，干净利落的西装线条，也正如鲨鱼包那份帅气但不硬气的印象。整个系列包容了5大宗教歌颂人间有爱，化冥想为美丽和静谧，吻合这些年来“9·11”纪念的主旋律：宽恕过去，但永不忘记，并且永远向前看。随着夜色升起，远方两束“9·11”纪念之光是最动人的背景。那一刻的纽约，是属于纪梵希的，也为后来伦敦、米兰、巴黎周定下了难以逾越的高度。纪梵希这个一向老字号但相对小众的品牌，询问度一再攀升。暗地里庆幸，自己果断拿下鲨鱼包。

纪梵希鲨鱼包的肉粉色小羊皮，好搭、耐用、经得起各种风浪的考验，真令我意外。原本我只是单纯喜欢这种无忧无虑的淡淡的暧昧色。2015年11月初在上海探亲访友，到达的那天下午就开始下雨，我们依然兴致勃勃，从华尔道夫酒店出门散步，到微热山丘曾经的外滩源店旧址买凤梨酥的时候，天降倾盆大雨，鲨鱼包已经淋得像落汤鸡。晚上回到酒店用毛巾印干，酒店房间的暖气舒舒服服地自然烘着，第二天就像新的一样。我想，这就是训练有素的底气，平日里规规矩矩、大大方方，也不会因为偶尔的风浪就失魂落魄，恢复得又快又好，更值得珍惜。

撇开我的个人喜好，最近看到的一份金融机构瑞信集团关于精品业手袋品牌的预测报告，也有不少款是大家的“意中人”。

报告中不谈款式、不谈策略，纯粹分析网上谈论的大数据，结案陈词中说，曾经家喻户晓的“It Bag”未来行情大不如昨，其中普拉达、爱马仕、古驰、马克·雅可布的负面话题增多、好感下降。所谓的盛名之累吧。香奈儿的地位依然稳健，很显然品牌在香奈儿2.55、香奈儿classic flap经典包的基础上，相继推出香奈儿Le Boy、Girl Bag、Gabrielle手袋，它们所制造的话题性是奏效的，每季又添一些粉嫩趣致的款式。从使用习惯及比例上而言，我最喜欢的仍然是classic flap手袋。

令人刮目相看的是路易威登，这个曾经被认为磨成灰都认识的老花手袋，长期重度仰赖手袋销售的老字号，形势继续看涨，底气果真足。它也给我两个启示，一个品牌，只要有强大的制造历史为后盾，有没有标识、标识是时髦还是落伍，都是浮云，随便舆论怎么说，根本不用理，专注做最擅长的就好了；敢在高端系列上狠狠拉高价位，就会有人愿意买，因为有钱有品的买家大有人在。

Loewe（罗意威）是一个很可惜的老字号，它的工艺不差、设计也很努力，但每次眼看着要起来的时候却老是在小事上败北，选的代言人从来就不搭，结果打烂一手好牌。简单说，一开始就缺那么一口气。（这一类别的品牌，实在看得太多了，像炒熟的花生米，吹吹还有得捡一阵子。）

排名第一的“涨势”手袋品牌是拉尔夫·劳伦，一种受过高等教育的世家风范，刻画美好生活的蓝图，纵使久无人知，终究会是“蓝筹股[①]”。

至于来路不明的小众潮牌手袋，也是有它们有趣的方面。就像是喝喝茶、吃吃饭的暧昧对象，女人一般不会太认真对待。偶尔也会遇到有趣的，冷场时可以拿在手中聊一聊，当作“破冰”。不过，既然会冷场，大概也知道不会有什么好下场。不过，做人也不可能分分钟那么算计，所以女人的衣帽间永远有这样那样摆在那里的手袋。

就像伴侣，没有什么严格意义上的好或坏，手袋也是各花入各眼。不管选中哪一款，女人最终自己提着的才是属于自己的。

① 蓝筹股：指那些经营业绩较好，具有稳定且较高的现金股利支付的公司股票。多指长期稳定增长的、大型的、传统工业股及金融股。——编者注

珠光宋气

我小的时候住在上海，印象中有位邻居老太太，谜一样的出身。

偶尔深夜，她静静地取出一只漆色剥落的555牌香烟罐，里面装满了宝石。曾经，它们是精美的首饰，在某个特定的时间特别的场合，博得女主人如花笑靥。

有一天晚上她拉着我凑近灯光，对我说："看你的小手，能装得下多少。"一粒粒不同形状不同大小的白钻、红宝、蓝宝、祖母绿，闪烁着滚入我掬拢的掌心。那一刻，我好像捧着满天星辰。那至今是我童年最璀璨的记忆。

一直要等到理解力更强一点后，才懂得"传奇"从来都是身不由己。大概是为了躲避某些灾难，把原本镶嵌完美的宝石硬生生地剥了下来。最起码，她很坚决地把它们留在了身边。

唯有"天长地久"，才真正地不妨碍"曾经拥有"。

少女时代的情怀，是很别扭的。审美观也偏激得叫人纳闷：嫌黄金土气、翡翠老气、钻石俗气；认定银饰潮气、珍珠正气、细粒碎钻秀气。

彼时的小男友们流行给心爱的女生送情侣首饰，锁与钥匙、双环扣戒之类，总得费心记着约会时别张冠李戴，长辈们为之提心吊胆。

出了校门自己开始料理日常开支、建立人际关系后，与邋遢潦倒的摇滚乐手、万人迷的橄榄队队长、辩论社社长、话剧团团长越行越远，心智向现实妥协，进可攻退可守地追求保值。踏破蒂芙尼、Harry Winston（海瑞·温斯顿）、御木本等珠宝品牌的门槛钻研传统款式。从钻石4C[①]、铂金成色、鸽血红宝，到南洋珠日本养珠项链之分别，"专业"得像研究期货指数。

---

① 钻石4C：所谓"4C"即是钻石的克拉重量（carat）、净度（clarity）、色泽（color）、切工（cut）。"4C"是衡量一颗钻石价值与品质的标准。——编者注

然而，在不知道自我价值之前，“保值”只是纸上谈兵，脑海里依然荡漾着小时候那个“双手捧着满天星辰”的璀璨片刻。

真正开窍，是被 De Beers（戴·比尔斯）的顶级钻石买手 Andrew Coxon 先生一语道破：“其实，选钻石和选男人的道理是一样的。”

以他 40 多年来的钻石经验，素来不管所谓的 4C 鉴定。那好比是亦舒笔下的“家明”：戴白金薄表，穿白衬衫、卡其裤、深色西装，有幽默感、高大挺拔、专业人士、爱护妇孺的十全十美永恒模范男人。但是，拥有这一切的体面男人，并不一定是适合自己的默契伴侣。

钻石之美，先取决于裸钻本质，是否可塑之材，再用眼、脑、心三神合一，去感受钻石的火花、生命、神采。是否增值，则取决于“稀有”。

发自钻石底部的“火花”，是钻石缤放彩虹色泽的特质，犹如自信的男人打从内心散发出来的定力与光环。

一粒钻石的证书等级可能很亮，但是如果晃动它时，光芒毫无“生命”的活力，也是无济于事，正如情侣间的互动是否有魅力，能不能带给自己焕然亮丽的幸福感觉。

“神采”是钻石在弱光下折射出的静态亮度，也就是男人的底气素质，就算处于逆境中，是否仍让你钦佩心安。

一粒钻石的 4C 越是平均，越说明它的价值已经饱和，升值空间要看“稀有”。比如，它的分量可以不算最大，但是色泽独一无二。它可以不够清澈，但是分量超大。这些都会是稀世珍宝。就好比，当男人精通的专业或是独到的人品，优质到一定程度，是其他人完全不能取代，就会是一位耀眼的明星。

一席话听得我双耳丁零双目放光，男友也兴趣大开，从此一起研究钻石的“火花”、“生命”、“神采”、“罕有度”。

可是，Coxon 先生挑选钻石所具备的“利眼”，是靠“试了再试”。哎，这若移师套用在选男人上，对女人来说实在太尴尬了！“不过，说到底，你选钻石，也得钻石选你。”他话中有话地说。

没错，即使我懂得选，也得“恰恰遇着刚刚”，双方投契自由得没有被捷足先登才算天赐良缘。届时，专家鉴定，早已抛诸脑后。

说鞋

关于鞋子，我曾说过：“我只要一双舒适又美观的鞋。”口气看似理所当然，但若超过一双，就是罪不可赦的贪慕虚荣。

渐渐地才知道，“一双舒适又美观的鞋”是所有女人的美丽梦想，也是所有制鞋匠的毕生追求，比“Mr. Right”更难求。

不过是一双鞋而已，有这么夸张？

事实上，寻找一双合脚的鞋，已是一桩大事业，还要同时看起来惊艳，穿起来轻盈，神奇地性感，浑身就像被魔棒电击般震荡，又能健步如飞，旋转起舞，就很难很难。就算有幸找到，也不一定人人负担得起。

至今，仍旧追逐着美丽舒适的鞋子，废寝忘食。说起来惭愧，我是那种白天看到漂亮的鞋子，晚上会做梦忙着替它们配衣服的人。

一掷千金买鞋，是否不智？

时尚界教母戴安娜·弗里兰曾说：“噱头与蹩脚，是装扮的成败所在。”

高跟鞋之帝马诺洛说：“一双优质的鞋子，是时髦装扮的基础。”

狂热地喜欢鞋子，你或许要放弃很多。但是，这并不表示，你的价值观人生观，应该受到质疑。

从收入中存下 500 美元，已婚女郎选择留作子女未来的大学学费，单身女郎选择买一双梦寐以求的糖果颜色缀宝石的莫罗·伯拉尼克高跟鞋。前者是勤俭持家，后者就是奢侈享受吗？亲友结婚生子，单身女郎奉上现金礼物祝贺，皆大欢喜说声“谢谢”。可是当单身女郎花了等同的银子，替自己买一双莫罗·伯拉尼克鞋子，却被看作是虚荣奢侈。被祝福的前者，人生选择牵涉到别人的钱包，被世俗批判的后者，完全动用自己的钱包。为什么反而不妥？

现代的单身女郎，自给自足，没偷没抢，不拖不欠，哪管你选择阳关道，抑或独木桥，前途都会面临困难，唯一的乐趣是穿上一双美丽的鞋子。这是单身女郎选择昂贵享乐的权利，在没有妨碍到他人的前提下，为什么要被歧视？

电视剧《欲望都市》的女主角——“鞋痴”凯莉拥有 100 多双莫罗·伯拉尼克等级的美丽鞋子，总金额相当于她纽约上城公寓的首付。可是，她的银行存折不但空空如也，还几乎沦落到遭房东逼迁，最后要靠好友相救才脱离困境。这就是当事人该反省赚钱能力与消费习惯是否有落差、需要恶补理财基本概念的时候了。

不要以为这只是电视剧里的情节。欧美的名牌二手店之所以货源充足，9成新甚至簇新的当季货色以3折以下价格出售，背后都因一票败家女疯狂地购买，付不出信用卡额数时，再将货品折价套现。这个雪球越滚越大，以至于每天都活在破产边缘。也难怪这会成为社会问题。

如此自不量力，难怪遭人非议。

那集名为《女人爱鞋的权利》，其实编剧利用shoes(鞋)和choose(选择)之间的谐音，暗示着“女人选择的权利”。鞋子等于选择，生活方式都是一个接一个的结果。如果能做到收支平衡且尚有盈余不妨碍他人，理所当然站得住脚，可以忠于自己的喜好，享受脚底舒适一流的感觉和别人艳羡的目光。而且，我认为，只有亲身体验过了，才能真正了解一双好鞋的奥妙。到那个时候，有资格评头论足，反而不太愿意对旁人指手画脚了。

忽而今夏

不管外界流行什么，每到春夏，我的服饰选择弥漫着一片悠然闲适的度假情绪，薄绢沙龙裙、松身细麻衬衫、十字绣跌膊上衣、七分裤、多截拼印花裙、条纹T恤衫，配上自然风干的松软卷发，淡淡的妆容。心绪，也跟着回到学生时代的漫长暑假。

每年，5月底Memorial Day（美国阵亡将士纪念日）之后，至9月初放完 Labor Day（劳动节）开学前，整整 3 个月的暑假，最是无忧无虑。总是用一半时间，参加夏令营或游学，当时也没太大目的，直到出校门赚第一份薪水后，才晓得那些日子是多么“奢侈”。

念中学时，疯狂迷恋青春电影《辣身舞》。女主角弗朗西斯，在 17 岁高中毕业的暑假，与家人来到依山傍水的卡茨基尔山度假胜地凯勒曼度假村。她有一头零乱的卷发，清新秀气的脸庞，热心肠得有点傻气。纯真美好的平淡世界，因遇上度假山庄的舞师约翰尼·卡索激起涟漪，尝到了现实生活的复杂滋味。

她天真乐观，他浪荡不羁。他教她跳舞，在他舞伴发生意外时，她伸出援手，为登台恶补三天，情根深种。可惜，门不当户不对。当纯爱随风而逝，弗朗西斯对人生沮丧时，约翰尼出其不意地回到大家面前，重燃弗朗西斯永不放弃的乐观信念。原本闷得打哈欠的告别晚会，也因他俩的曼波热舞，刹那间宾主尽欢。该片曾与电影《人鬼情未了》、《风月俏佳人》，雄霸 20 世纪 80 年代末至 90 年代初票房排行榜前位，成为永恒的邪典电影[①]。

全片背景设在 1963 年歌颂和平的反战时期，服装指导以 20 世纪 80 年代末的眼光，演绎 60 年代的浪漫纯真，又在轻松的度假风情中，渗入 80 年代豪门富贵风，亦引领了近代时装界的怀旧风潮。如今，每到初夏，我的思绪都会在度假、田园、海滨中起伏，脑海里情不自禁地浮现出电影《辣身舞》一幕幕，鼻端几乎可以闻到卡茨基尔山间雨后的清风与湿泥的气息。

女主角弗朗西斯偏爱浅色服饰，平时穿印花布裙、米通花、跌膊白恤衫、七分裤，脚踏 Keds 白帆布鞋，天气转凉时，披一件松松垮垮的晨雾般灰蓝开襟毛衣。事隔将近 20 年再重看，搭配稍有出入，服饰本身竟没有过时的感觉，不得不佩服“改良版怀旧”的魅力。80 年代还没有天桥时装展的拉尔夫·劳

① 邪典电影：指拍摄手法独特，题材诡异，剑走偏锋，风格异常，带有强烈个人观点，富有争议性，在小圈子内被支持者喜爱及推崇的电影。——编者注

伦，就是这副“田园”样子，亦是拉尔夫·劳伦度假风时装的蓝本。约会时，换上十字绣阔领衬衫、珍珠粉末色波浪纱裙，清纯不稚气，这可谓是全片的灵魂凝聚。著名设计师菲比·费罗在 Chloe（蔻依）任创意总监时期最喜欢用这种看似浅白的“纯真”，来演绎女人的入骨风骚，声名鹊起。

没有名牌赞助，没有豪华宫殿的《辣身舞》，只是淡淡勾画出高品质的悠然闲情。在那些不太计较未来，什么都想做、什么都不做也很快乐的暑假，情绪高涨，大把空闲，爱情就像“大晴天宜晒棉被”般的指定动作，享受着手指划过细腰的触电时光。假期结束前的难分难舍，待新学期开始，很快忘得一干二净。

少年人对歌舞百般迷恋，长大后发现，恋爱对象其实正是能听你心曲、与你共舞的伴侣。快乐的时候，一起庆祝；失落的时候，借你一双耳朵，做最虔诚的倾听者。情到浓时，深拥着；踏错步时，及时伸出援手。完全信任，同享荣耀。累了，也能歇一歇，伏在对方肩上，慢舞至天边吐白。

是谁划分了时尚的阶级？

亦舒早期的小说《圆舞》中有一句名言：“真正有气质的淑女，从不炫耀她所拥有的一切，她不告诉人她读过什么书，去过什么地方，有多少件衣服，买过什么珠宝，因为她没有自卑感。”这一度真的被我奉为金科玉律，并以此告诫自己。

我 16 岁时，有位华语少女杂志的创办人大概是发现我有某些方面的才华，年龄也与读者群相仿，善意邀请我分享洛杉矶少年吃喝玩乐的好去处。不料，天真无知的我一字不差地背诵了亦舒的原话回应，现在想来真是荒谬。

见惯世面的长辈四两拨千斤地笑说：“你以为亦舒写那些是给‘真正有气质的淑女’看的？”

那一瞬间，我清醒了，写下了人生的第一篇约稿。

是的，亦舒既不会替我付清账单，也不会为我的下半生买单。她高兴她的傲慢，我快乐我的偏见，不同的生活方式才得以延续。

这是我认为最起码的“平权”。

我们这一代，曾眼看着殿堂级时装屋一个个濒临垂死边缘，一个个放下身段自寻活路推出迎合年轻人口味和消费能力的产品，如今一个个擦亮金字招牌登上宇宙超级大牌的宝座之际，仍不忘与平价的快时尚眉来眼去。于是，我们以为时尚打破了阶级，提倡“分享是美德”。各种营销方式也真的让消费者相信，有钱没钱都能买得到“品位”。

可是，你有买的权利，我也有不买的自由。“某某同款”这类营销手段的风行，等于直接帮粉丝们列了一个“必买”清单，也为非粉丝们列了一个“千万别买”清单。真是两全其美。感恩！感恩！

举个实例，前年秋天某超级大牌带了几位网上常见的时髦小姐远赴巴黎出席 2016 年春夏时装周，她们照惯例被品牌安排穿着国内还没上市的新装亮相。当天照片通过社交媒体、时尚网媒的推广软文洒向人间，远在国内的品牌熟客们也都看在眼里明白在心里。

有位斯文小姐二话不说，请相熟的店员比对照片把亮相的那几款从自己的预购单上删除。她跟我说："既然这些几万、十几万的款式定位是给她们穿的，那我承让好了。"另一位太太说得更直接："品牌是没人请了吗？这么随便就把衣服借出去？"

可见，品牌和媒体热捧的网红，潮流引导着，尽管个性十足、花枝招展、线上线下亮相，有些品牌熟客不买账就是不买账。挑剔的原因其实是那个"人"，只不过不幸地错怪了那件"衫"，以此区分"我们是不同的"。

随着年龄的增长，越来越肯定，那些对生活中重要事物的"不炫耀不说"，无关气质，也压根与有没有自卑感不搭界。说穿了，就是单纯不愿意跟不相干的人撞衫，不愿意被模仿，仅此而已。

说一个更直白的例子，小布什总统执政时期，某个美国白宫举行的年度盛宴上，第一夫人劳拉与三位女宾都穿了同一款零售价八千五百美金的 Oscar de la Renta（奥斯卡·德拉伦塔）鸽血红晚装裙。结果，身为白宫女主人的劳拉·布什在宴会开始没多久就去换装，另外三位女宾隔天登上社交版头条，接受采访时依旧难掩荣幸之至的神色。

分享钱财、分享知识，最是容易，表面上他人得益，其实最利己，何乐不为。然而，品位却很难分享。

外人看到的是穿了这个牌子、那个款式，这些鸡毛蒜皮的着装经验不仅是自己真金白银地花过许多冤枉钱换来的，还有走过许多冤枉路、伤过许多神、挨过不相干的路人网民的冷嘲热讽，再加上多年来自己体态的维持、生活方式的揣摩、事业的巩固稳定、身份地位社交圈的建立，林林总总加起来花费多时而沉淀所得的那么一丁点儿颇有自信的所谓"品位"。岂容得下随随便便被别人轻易抄袭套现？这才真正划分了时尚的阶级。

好看又好穿，很难吗?

身为消费者，我对美服的基本要求很简单：好看的必须好穿，好穿的必须好看。

放眼这几年，日本时装杂志的封面常常出现偌大的“铁板”二字，欧美时装界“Normcore”（一种简单有腔调的风格）的形容也不绝于耳，换着花样泛指适合日常穿着的经典款式。名列不败之地的清单，不外乎小黑裙、白衬衫、铅笔裤、海魂条纹衫、风雨衣……读者被引入“这样穿，就能全胜”的圈套，以为照单抓药就能成为时尚教主。老牌时装屋与新晋设计师也众志齐心地推崇这种优质的朴素、聪明的简约面貌。

可是，为什么如今想买一件面料天然上乘、款式简单、怎么穿都好看的基本款衣裙，却那么难?

一方面，因为经典的泛滥。只要款式贴上“经典”的标签，就算材质粗劣、剪裁走样，照样被奉上神坛，酿成的灾难叫人无可奈何。“经典”二字经不起推敲，也不值一提。选择基本款，渐渐沦为“克己”地认命，安全地懒惰，穿衣打扮成了严肃的周而复始。久而久之，根本提不起兴趣去看那些所谓的基本款。

另一方面，因为设计师和品牌都想太多了。其实，时装只需要一点点的不合情理、不切实际，用一条看不见但是存在的界线，让穿者据为己有的选择更有价值。然而，很多时候设计师在“设计”上钻牛角尖，单纯为了标新立异或压缩成本，去推翻一些历经千锤百炼的优质基础。品牌的经营者则想方设法让服装向艺术靠拢，并试图通过情感化的文字渲染和煽动。“经典”

的价值被泡沫化，泡沫却被合理化，忘了时尚终究不是艺术。比如，白衬衫做得驼背、肥阔等等，将比例失衡称之为“文艺”；引导大家放弃好看，以追求不好看为荣；纯天然面料无比舒适，却因为难伺候又昂贵，就变着花样使用合成面料美誉为“高科技”。如此这般的创新，使“经典”变得不伦不类。基本款的实验性固然可贵，可是一旦过分别致，往往比前卫尖锐更可怕更不可穿。

爱因斯坦曾经说过：“如果你费尽心机地解释一样原本很简单的事情，那就说明你根本不懂。”

不管是“铁板”，还是“简约穿搭风”，现在越来越多的日常经典陷入僵局，原因也是做服装的人不懂穿服装的人。很多品牌就算依然保留了原有的经典款式，品质也大不如昨，甚至连款式也未必季复一季地存在着。想买到真正好看又好穿的衣裙，就要花更多的心思，常常走访不同的品牌实体店试穿，体验面料、剪裁与肢体动作的节奏，体会衣物本身之真实性和变通感。

近年夏季我新添的“好看又好穿”日常服如下：Theory（希尔瑞）的浅蓝色细条纹全棉衬衫裙，左侧的皱褶衬里居然用上纯真丝，轻描淡写地从各个角度美化身材；Sacai Luck 的针织与真丝拼贴裙，简约舒适中带有一丝丝的古灵精怪；Jil Sander Navy（吉尔・桑达）的蓝与橙连衣裙，规矩中见真章，平时穿不随便，约会时又不会显得太特意打扮；Azzedine Alaia（阿瑟丁・阿拉亚）针织背心裙，如今是膝盖以上的短款最用心；剔除所有繁复枝节，J Brand 的深色牛仔裤、Rag & Bone（瑞格布恩）的浅色薄款牛仔裤，无论是窄腿还是喇叭裤，都最有提臀细腿拉直拉高身形的妙效；意大利的 120% Lino 居家纯麻白裙蓬松有形，还可以在泳池畔当歇息服穿，在海边搭配比基尼。

当下选对衣裙的难度之高，不知不觉地使自己发掘了很多不起眼的小牌，和一些以往忽略的商业品牌。把着眼点放在“用心做”的衣裙，也变相打破了多年来小众、大众、主线、副线在心中预设的形象。对我而言，这就是消费者的收获。你瞧，顺势而为，是多么重要。

书痴女的时装奇书

延续自传《格蕾丝传》的畅销佳绩，殿堂级时装编辑格蕾丝· 柯丁顿顺势于2015年底再版了她10多年前的巨作《格蕾丝：30年的VOGUE时尚》。正如书名所示，集中了30年来格蕾丝为*VOGUE*杂志策划拍摄的经典时装大片，每辑配上她亲自撰写的花絮，披露当时的思路布局、筹备以及拍摄的来龙去脉。她为自己以及这个时代的同行们记录的历史，也足以满足广大时装迷的好奇心。更重要的是，对一位领悟力够强、想在拍片这条路上“唯精唯一”的时装编辑来说，这是一本绝佳的经验教材。

值得一提的是，早在2002年《格蕾丝：30年的VOGUE时尚》由Edition 7L公司出版。老板卡尔·拉格斐是业界有名的“书痴”，藏书量庞大并且精湛。他认为，拥有书籍的喜悦绝不能与阅读引发的思考混为一谈，就像传递知识是书的基本功能，美丽的书籍却能随着岁月的迁移封存完美的制作工艺。基于这个理念，Edition 7L公司推出的图书，就像时装界的“高定”工艺，成本高昂，每本印刷量仅1000 ~ 2000册，跟动辄印刷十万、几十万册的大出版社不可同日而语。以格蕾丝这本书为例，2002年签名版在二手市

BEATON'S
CECIL BEATON'S
DIARIES.
1963-74
THE
PARTING YEARS
Thirty Years of Fashion at Vogue
How I Survived

场上一度要价高达3000美金，大部分时装迷和自食其力的学生只能望书兴叹。2015年交给英国Phaidon（菲登）出版社再版，现在新书是8折销售，100多美金即可拥有。我十分雀跃，也有一点惆怅。较亲民的价格，当然便于更广泛地分享。但是，如此纸张、这般印刷，真是愧对了镜头下转瞬即逝的微妙折射。这也是为什么，面对崭新的2015年再版，2002年的初版即使封面已成斑驳状况，在二手市场上依然稳守450美金底价。

时装界有不少像藏品般存在的奇书，大部分是知名摄影大师如布鲁斯·韦伯、欧文·佩恩的几本经典摄影集，除了他们以及作品本身对时代潮流有重要的推动意义，也因为以限量孤版发行，加上特殊的印刷技术过于昂贵，以及版权拥有者在事业巅峰时期十分难缠，使得这些图书受到收藏家青睐。但是，在二手书商的蓄心经营和宣传下，随着“钱可以买到品位”的大气候，这些没有语言障碍的图书变成既容易拥有又便于识别的“摆设”。此所谓“奇书”之“奇”。

文字类“奇书”，大多像概念股。真正有价值的，仰赖作者在业界不可动摇的口碑以及不可取代的经历，需要读者花时间和耐心消化，绝非单纯的运营技巧和多渠道宣传可以达成。我个人可能因为偏爱文字魅力和历史背景下的特定细节，所以对已故摄影师、作家、戏服造型师塞西尔·比顿的日记系列所呈现的多元性，情有独钟。《CB日记》系列从1922年开始，一直持续到作者1974年不幸中风之前，52个年头的细水长流，总共分成六本，差不多对应了他事业以及人生的六个重要阶段，记载了所有的起承转合。那些被当代奉为神明的时尚偶像、明星、政要，都是塞西尔·比顿至亲或不屑的友人，在日记里还原了他们本色，也最大限度地保留了塞西尔·比顿的坦率。最后一本也被公认是最珍贵的《逝去的岁月：1963—1974》（*The Parting*

Years Diaries. 1963—1974），在我心目中就像一位看过半个多世纪的老人，极其精准地感叹时代起伏人间流离，为自己、为好友（比如服务美国版 *VOGUE* 40 年突然被辞退之后跳楼自杀的编辑玛格丽特·凯丝）写下历史定位，免遭后人的践踏和揣测。

历史，毕竟是幸存者写的。戏剧化的意大利 Gucci 家族，三代人经历了父子反目、兄弟成仇、叔侄对峙、买凶杀夫、逃税坐牢，几番易主后走向新纪元。2016 年，创办人 Guccio Gucci 的孙女、第二代掌门人 Aldo Gucci 的女儿 Patricia Gucci（帕翠莎·古驰）的自传《古驰回忆录》（*In the Name of Gucci*: *A Memoir*）已于 2016 年 5 月问世。这位曾经被迫隐姓埋名的私生女，后来成为唯一忠于父亲的品牌大使，照今天网媒下标的套路，是很容易被冠上“人生赢家”的吧。书痴女只会被 Gucci 品牌现任创意总监 Alessandro Michele（亚历山德罗·米歇尔）笔下古灵精怪的书香气质所吸引，从色彩的堆砌到图案的纷乱，纷纷向 20 世纪 70 年代意大利时装产业的辉煌岁月致敬，用一派天真烂漫写尽当下年轻人的“痴、妄、宅”。

逛街，像一种疗程

毫无疑问，我们是被物质娇宠的一代。成长在经济飞跃资源富饶的岁月，长辈们竭尽所能地满足我们的梦想索求，也在我们身上弥补着自己年轻时的缺失。情感的历练与经济的独立，更令我们理所当然地宠爱自己，享受着琳琅满目的奢华洗礼。虽然我们未必天生拥有美丽，但是我们坚信可以购得魅力。不知不觉，瞬间的欣喜，还是永恒的馨香，都换来非凡的快乐。

20 世纪 50 年代著名的美国女性读物专栏作家 Marcelene Cox 曾说：“了解女人最快捷的方式，就是与她结伴逛街。”

没错，对许多女人来说，逛街是与生俱来的嗜好，也是奉天承运的兴趣。开心了，要逛街庆祝；沮丧时，更需要逛街散心。中午忙里偷闲地走马看花，特留一天预约出席新季推介展示，殷切期待千载难逢的设计师莅临。重要日子，需要买些什么纪念；平常天，也有生活物资需要补足。

菲律宾前总统夫人伊梅尔达·马科斯是个出名的“购物狂”，曾对支持者说：“不管是赢是输，总之选举结束，我们逛街去！”

三三两两结伴成行，或独自一人沉迷陶醉，都能从“逛街”这一行为中，找到人生的方向，让心思飞扬。我们在现实生活中，冥想苦思打不开的心结，在逛街时，似乎能豁然开朗。或许脚下踏出了运动的步伐刺激大脑分泌“愉快因子”安多酚，或许接触了琳琅满目的美饰美服启发了崭新思维，或许只是单纯的地理位置转移冲破了僵局。

1986 年，《芝加哥论坛报》在报道圣诞节购物人潮的文章中，首次将逛街赋予“零售疗程”美誉。

所谓“疗程”，我想，指的大概是逛街带来的“拥有”之快感，更包含了思维、身心、文化、修养的乐趣。

零售商提供的，不只是“买卖”；逛街，也远超“购物”的范围。学习欣赏时装，并不需要大量的金钱，而是在过程中，增加自己对时装领域的接触层面。哪怕只是去摸摸面料、推敲剪裁技巧、比试颜色运用、感受手工细节，只要肯用心去看、愿意去学，就是有益处的亲身体验。每个大师都有自己的一套哲学，每一季又总有一些突破，值得大家去探索。比如，为什么香奈儿花呢外套下摆内衬有一条金链？华伦天奴为何钟情鲜红色？ Marc Jacobs（马克·雅可布）如何用书虫乖模样包装自己的反叛文化？普拉达每季都在尝试什么新奇接缝、创新剪裁？从爱上 Jil Sander（吉尔·桑达）到 Dior 时装的种种剪裁、色泽、面料，再跳槽到 Calvin Klein（卡尔文·克雷恩）出任首席创意官后的敷衍，也该看出设计师拉夫·西蒙的真正野心了吧？华裔设计师亚历山大·王的后背镂空男友西装如何结合 21 世纪初“瘦骨仙男装”与 20 世纪 80 年代“女强人”套装，让 T 恤后幅的图腾文化不被外套遮掩，从而开阔了“外套”的生存空间？

接触层面越广，吸收的时装养分越多，不但提升品位，也有助准确选购搭配服饰，更重要的是，摒弃了思维的屏障，既能全情接纳纯品美学，也懂得欣赏另类创作。并不一定是为了追逐潮流，而是保持好奇心，让生活充满活力，不带偏见地包容新事物。

《欲望都市》中，逛街一流理财三流的女主角凯莉曾说：“我喜欢把钱放在我能看得到的地方——挂在衣柜里。”当时听起来只是有趣，在金融海啸股市狂跌时期，足以让理财专家佩服得五体投地。

可是，逛街的英文“逛街”被戏称为“血拼”，自有其惨烈悲壮的一面。畅销小说《购物狂的自白》改编的同名电影，用幽默手法演绎了滥用“疗程”以至失控的病态消费，也同时看到女主角通过“试试错错”的购买生涯，提炼出精良品位，并将自己的购物得失，直白地注入理财思维。最后，她为了还清债务，虽然痛定思痛地放弃很多心爱的收藏，却没有放弃逛街，而是以融入其中的愉悦，感染了更多志同道合的时装迷。

每到换季时刻，理性的逛街乐趣，可以将购物程序渐进式地从季初投资“扭转潮流趋势的本季点睛作品”，接着逐步完善自己的穿着方向并厘清购买单品，最后季尾打折期待遗漏的惊喜。像时尚这么好玩的“疗程”，才不舍得一次买齐一次完结呢。

渐渐地，也就从“购物疗程”中悟出，“购买”和“选购”的分别，而“穿戴服饰”和“穿出姿态”也是两回事。

Simple
Life

VVG CHIFFON

第四章

女人，不用附加形容词

时间，换取空间

“如何平衡工作和生活？”是当下采访女性公众人物时最常问的话题之一。这么多年来，也有很多读者留言问我工作与生活中，有没有“困惑” “迷茫”的时刻？如何创造美好时光？

如果我从来不需要考虑工作和生活是否平衡或是否接地气，是不是也应该要制造一些困惑和迷茫出来分享？我可以把任何时光都过成美好时光，一切都没什么了不起，这么说是不是没诚意？

人生，不一定要跌倒再爬起，才叫精彩。人生也未必一定要历经千辛万苦，才叫励志。那些当然都是很动人的故事。

或许，你会说，我很幸运。

当然。但我的幸运，是因为我的量力而为，做任何事情不勉强不妥协也不让自己委屈。

我的幸运，也因为我把自己的生活放在最重要的位置，尽量只做对的事，而不是纠结于把每件事情做对。

我的幸运，更因为我做任何事都有 B 计划，甚至 C、D……一直到 Z。

所以，很多问题自动地离我很远，不会困扰我，也难不倒我。

坦白说，“如何平衡工作和生活”这种问题，根本就没有答案。

因为每个人的“平衡”标准不同。

有时候别人的“面面俱到”，我会觉得是管太多、浪费时间精力。

有时候我的“面面俱到”，别人会认为我只不过是动动口的甩手掌柜而已。

有次好朋友张骞文转发我的微信公众号的一篇文章时问：

“Y 姐姐，请回答一个问题，你怎么能又做金融又看秀又凹造型又吃喝玩乐还写那么多文字的？你是住在一个时间流速不同的平行空间里吗？”

这个问题，我听过很多很多遍。这是一句我听得十分受用的十分友善的赞美。我很感谢大家。

除了我常开玩笑自夸的天赋异禀，说实话，我父母健康，我感情稳定，我没有孩子，也没有公婆妯娌的琐碎，我也不随便交朋友、不随便应酬，节省了很多时间，于是多了很多空间。

我并没有宣扬不结婚、不生孩子。

相反，我认为，女人无论结不结婚、生不生孩子，都应该有一个很稳定的感情伴侣，有几位喜爱的晚辈也乐意互相照顾陪伴在身边。这样对情绪、健康、生活、经济、智慧等等各方面的管理，都很有益处。不过，能否实施，要看所在国家的司法保障以及福利制度。并不是自己“努力”、“拼命”就能达到。

我只能说，我找到了最适合我的生活方式、最适合我的生活伴侣。我的时间自然比别人多一些。当然，我也有很多帮手。多出来的时间，做一些自己想做想学的事、擅长的事，甚至宁可放空，多跟情人聊天相处。

另外，我的工作跟兴趣是结合在一起的。但是，我的工作并不等同于兴趣。

前阵子，最后一位真正意义上的超模吉赛尔·邦辰宣布退役 T 台。她在 Instagram 上发布了一张初入行 14 岁时的妙龄照片，感恩 20 年的美好岁月，如今依然拥有主动权选择告别，未来将参与时尚业其他更多层面的工作。

我忍不住为一次又一次攀上事业巅峰、超越前人超越自己的吉塞尔鼓掌叫好，经历恋爱、结婚、生女，人生走到另一个阶段。她的急流勇退不是放弃，而是升级，让自己走得更远更宽更稳更好。

与其说什么完美平衡家庭与事业做出妥协之类的，还不如说现时今下的女人都有各自的阳关大道：

努力工作是理所当然，不必歌功颂德；

知道自己要什么，并勇于追求，尽情发挥所长；

也懂得爱惜羽毛、积累经验、巩固自信；

聪明地工作，而不是盲目地努力埋头苦干；

懂得凡事留有余地，同时，在情感路上善待自己、尊重他人；

真正掌握资源、真正经济独立；

很清楚事业机会丰富，这才是真正拥有自信；

感情生活也更加纯粹。

是宿敌，也是盟友

电影《另一个波琳家的女孩》中颠覆英国朝廷与教廷的两姐妹有一句名言，妹妹说："我们是姐妹。"姐姐接下去："所以，天生是宿敌。"

最高段的宿敌是，同期出道、同步起飞、同场相争、同等级数、同台合作，看似不放过任何一个机会要置对方于死地，其实也最在乎对方的处境安危。因为互相是对方的镜子，在大起大落的瞬间，随时看到自己的日后往昔，惺惺相惜地感叹"既生瑜，何生亮"。

时装界出名的宿敌，在针锋相对的斗嘴间，留下很多金句。比如，卡尔·拉格斐与伊夫·圣·洛朗年轻时是一起玩乐的好朋友。伊夫·圣·洛朗少年得志，20多岁就掌舵Dior时装屋。卡尔·拉格斐经历了一番寒彻骨，50岁时终于获香奈儿时装屋重用。两人年纪越大越爱明争暗斗。伊夫·圣·洛朗说"高定已死"，卡尔·拉格斐说"与其光说不练，倒不如注入新生"。伊夫·圣·洛朗爱办回顾展，20世纪80年代末开始每季循环自己的成名作。卡尔·拉格斐说："一旦开始回顾，就等于否定日后一切，所以我不回顾，不展望，我只在乎现在。"

旧时女人之间的斗嘴，则比较着墨于身份容貌的攀比。比如，可可·香奈儿与伊尔莎·斯奇培尔莉。前者踏着社交楼梯力争上游，爱说"时装是给人穿的，不是供起来的艺术"。后者与艺术家关系密切，被捧为才女。可可·香奈儿常常为此冷笑，"哼，那个意大利女人"。她则被斯奇培尔莉讽刺，"你不过是个小资女"。伊丽莎白·雅顿与赫莲娜·鲁宾斯坦女士都是一战二战时期，创建各自美容帝国的女强人。鲁宾斯坦嘲笑雅顿"那个热爱粉红色的老太婆，这么老了头发还染得那么金”。雅顿回敬她：“麻烦把脸上那两条黑杠杠（指鲁宾斯坦的浓眉）擦干净了再说话。”

级数稍逊，根本就不够资格成为“宿敌”。比如，马克·雅可布在伊夫·圣·洛朗先生的追思礼拜上致辞，“整个巴黎飘扬着圣罗兰时装的风情，这不是一条金链、一串珍珠、一只菱格手袋所能比拟”，人人都听出是在明嘲暗讽如今的香奈儿。可是，面对马克·雅可布这后生晚辈，老佛爷卡尔·拉格斐先生根本懒得搭理。

然而，斗嘴的娱乐性虽高，远不如比尔·盖茨与史蒂夫·乔布斯旗鼓相当，化“宿敌”为“盟友”的故事精彩。

这对世人瞩目的“瑜与亮”，一同改写人类科技生活，同年出生，同样没有修完大学，同期创业，同时研发个人电脑领域，灵感同样来自 Xerox PARC[①]。

乔布斯始终认为盖茨窃取了他的意念才开创了 Windows（操作系统），只有苹果电脑才是真正的革命先驱。盖茨提醒乔布斯：“应该说，我们有一个很有钱的共同邻居，叫 Xerox（施乐）。”苹果公司曾有一系列经典广告，把 PC（电脑）用户都塑造成木讷古板的书呆子，而用 Macintosh（苹果机）的都聪明新潮。可是，正如乔布斯自己所言，“优秀的艺术家，抄袭。伟大的艺术家，窃取”，后来，盖茨的 Windows 电脑独霸天下。而乔布斯在 1985 年被撵出苹果公司，12 年后重新回巢收拾残局，不得已拉拢盖茨。后者慷慨投资一亿五千万美金，在 1997 年 MacWorld Expo[②]上，乔布斯通过卫星连线与盖茨一起公布这个惊人的合作。乔布斯更以重振江山的决心表态（多多少少也为安抚长期调教的苹果教信徒们），“我们要摒弃‘为了让苹果胜利，微软必须失败’的观念。苹果若要取胜，苹果必须非常出色。”这句话，也成为各行各业面对竞争对手时最激励最正面的动力！

---

① Xerox PARC：施乐帕克研究中心，成立于 1970 年，是许多现代计算机技术的诞生地，其创造性研发成果包括个人电脑激光打印机、鼠标、以太网等。——编者注

② MacWorld Expro：专门面向苹果 Macintosh 平台的行业展会及会议。MacWorld 代表着未来个人电脑和电子产品技术的发展趋势。——编者注

2007 年 5 月，在《华尔街日报》举办的“D: All Things Digital”会议上，主持人向宿敌 30 年，结盟 10 年的两人发问：你们之间究竟有什么样的芥蒂？乔布斯先开玩笑说两人的“秘密婚约”终于曝光，接着明显礼让盖茨发言。后者认真想了许久，诚恳地说：“这么多年来，同行们来来去去，真高兴，还有老朋友在身边。”能言善道的乔布斯则用披头士乐队的名歌 *Two of Us*，来形容两人的交情：你我走过的日子，比前面的路还漫长。

说罢，两位的眼神都掠过一抹感触与欣慰。全场观众忍不住打断主持人想要继续的话题，起立鼓掌致敬。十分感人。

如今，史蒂夫·乔布斯的接班人蒂姆·库克，哦，你叫他哪里去找像比尔·盖茨这样级数的“宿敌”？

赢得幸运

好朋友送来一套 4 款 Chanel Chance（香奈儿邂逅香水），说：“通通给你。”我顺手拍下照片，发给在地球另一端的好友 Pattie（帕蒂）。

桌上的招财猫，好像在背后发功，无声地怂恿：“来吧，反正你有这么多‘机会’。”可是，人家叫“邂逅”好吗？哈哈。

Chance 的主轴是葡萄柚香与花香，我记得我第一次提到这款香水，是在 2005 年 11 月的专栏《甜蜜新香》。那时候 Chance 才刚出 2 年多，也就是最初的 Chance Eau de Parfum，还有个十分可爱的闪亮亮的限量香膏，抹在锁骨，深受年轻人喜爱，我也爱不释手。转眼 10 多个年头过去，Chance 系列已经有四个好姐妹，广告剧情发展也像偶像剧。

我一边把其中两瓶淡香水“Eau Fraiche 清新”与最新加入的“Eau Vive 活力”先拿出来做了一番比较，一边与好友 Pattie 又聊起各自在职场路上的起步与转机。

坦白说，现在回看来时路，我们都觉得自己是非常幸运的。

我们的幸运，并不是等待从天而降的巧合，而是面临一次又一次的决策时，量力而为，把自己的生活放在最重要的位置，尽量只做对的事，而不是纠结于把每件事情做对。

我的总结是：“把握对的机会，而不是把握任何一个机会。”

Pattie 在另一头跟我“咆哮”：说起来容易，做起来难，把握对的机会，很难啊。

电影《穿普拉达的女王》中有个经典片段。梅丽尔·斯特里普饰演的犀利主编语重心长又满腹讥讽地解释当初为何违背常态聘请安妮·海瑟薇饰演的时尚菜鸟当私人助理：“冒一次险吧，就请那个聪明的胖女孩吧。”我每次看到这里，都忍不住狂笑。

回想起自己大学三年级时以社会新人的状态开始应聘工作，尽管只是实习资格，还是要经过一轮又一轮的面试。美国高等学府非常鼓励学生在校期间到处去应征，就算失败也没关系，先习惯了“应征”这个交流环节，不断地磨、不断地修，等到真正谋职的时候，已经驾轻就熟，也就提高了命中率。这可以说是初入社会让自己变得有把握的第一课。

可是，面试多了，就发现许多面试问题很老套，比如“告诉我一个聘用你的理由”。学校就业指导中心给的标准答案无非是把自己履历上的优势重播一遍，加注说明我努力、我好学、我勤奋、我吃苦耐劳等等诸如此类的鸡血口号。真正要融会贯通、现场发挥好，一方面靠自己的应变能力，另一方面也由个性决定。

年少的我并没有什么人生经验，三两下就被问腻了，心想面试官大概也听厌了样板回答。过关斩将到了最后，我灵光一闪笑嘻嘻地大声说："不妨这样，你冒一次险，我也冒一次险。就像ABBA（阿巴合唱团）有一首歌《给我一个机会》（*Take a Chance on Me*），'你可以考验我，你可以让我试一试'。我确信，贵公司见过的大风大浪中，聘用我的风险值微乎其微。我才起步，我没有什么输不起的，我的每一步都将全力以赴。所以我们只可能相互增值。除此之外，没有更好的理由。"

我承认，这回答是有一点小聪明，还有一点耍花腔。既回避了问题的锋芒，又夺下问题的主导权，说出了我的心里话。这同时也表明，我不是末路穷途的盲目一搏，是充分评估了双方的处境以及对风险的包容度之后，尽量把自己的优势，转换成赢得机会的筹码，让对方放心又耳目一新。

心态上，我在最后关头有胆识说"给我一次机会"，大概也是因为心中对这个职位十拿九稳，并且后面已经有了还不错的备选，无形中助长了自信的底气吧。所以说，即使年少轻狂，也要懂得"把握对的机会"，而不是"每一次机会"。

是的，那次面试，我胜利了。虽然，这只是我职场生涯的一小步，却迈出了我人生道路上的一大步。

不知不觉，"把握对的机会"成为我工作和生活的座右铭之一。

我喜欢这句话到什么程度呢。有人找风水师傅到办公室里摆八卦阵、招财阵、迷魂阵，有人找画廊订那种万马奔腾、大鹏展翅的励志字画。我呢，

CHANCE
CHANEL
EAU VIVE
CHANCE
CHANEL
EAU TENDRE
CHANCE
CHANEL

办公桌上常年摆着一两瓶Chance——通常是满满的。最近摆的是Chance Eau Fraiche 邂逅清新淡香水，扁圆瓶中荡漾着如清露般的淡绿色泽。忙碌间隙瞄一眼都觉得好像能消除疲劳、缓解烦躁。葡萄柚香与花香不同层次地闪烁着清丽活泼，赋予优雅更加年轻的生命力，对我而言，起到振奋的作用，也有助于保持开明的心境。仿佛命中注定它给我鼓励、为我加分。所谓“幸运之香”，就是这样淡淡地存在，默默地襄助。如果是我很喜欢的朋友、伙伴、客户来我办公室，我会开玩笑地打开瓶子让大家闻一下、喷一下，分享这份幸运。当然各自去买了回去用、回去摆，找到属于自己的幸运，那是最好的啦。

我从一开始的面试，后来面对客户争取合约时的结案陈词，到换成由我面试新人以及人生路上出现新方向的时候，最终说服对方也说服我自己的，都不外乎“一起冒险，稳赢不输”。也让我在渐渐加入职场资深行列懂得持盈保泰的同时，始终拥有新人勇于尝试的心态。

是的，我喜欢波澜壮阔，我也喜欢万无一失。

当今社会，不管选择哪一个方向，都将是一条携手共进的征途，必须负责任地为彼此留有退路，无论是年轻还是资深，相互增值才能走得更稳更远。

令我着迷的还有 Chance 香水的含义“邂逅”。人生的每一场邂逅，都为我们打开机会之门。可是，每一次看似从天而降的机会都不是单纯的巧合，而是设法将双方的好奇心调整到同一个灵感频率，产生共鸣，真正掌握住“稳赢不输”的幸运。

与几位相识很久的好朋友一起回想自己一路走来做过的决定，有些是满怀憧憬之际，做出了对的选择；有些是面临危机时，做出了正确的决定，变成了转机；也曾做过错误的决定，花了很多时间，才甩去负资产（负资产未必是负债，有时候也是人事上、业务上的累赘），走上正途。

大家都认同：

所有的创业，没有无心插柳柳成荫，都是一棵棵幼苗，被呵护着坚强地长成大树。萎靡的、营养不良的、有虫害的，一定要拔掉要放弃，否则会影响旁边健康的树苗。

所有别人看起来的“成功”，没有漫不经心的一步登天，都是精心算计的步步为营。不同的只是钻研的方向，决定了一个人能走多远走多久。

任何专业上看起来的驾轻就熟，其实都是累积，而所有的累积，不外乎在对的时候，做出正确的选择。

我心目中的“把握对的机会”是：

（1）做自己喜欢的擅长的事很重要，幸福比成功重要。

把成功与否，摆在次要，问问自己，究竟最感兴趣的是什么，发掘生活乐趣，才不至于碰到挫折就自怨自艾地钻牛角尖。

未来的社会，不会把可以衡量的“成功”（比如地位、头衔、资产、粉丝量），放在很重要的位置。因为每个人都可以有自己的圈子，任何的兴趣都可以发展为事业。任何可以量化的“成功”，都能用金钱购买（包括粉丝量），反而变得次要。

不一定要广泛意义的“成功”才是成功。不为人知，也可以过得很幸福。

这个信念，一定要有。而且很重要。

所以，多探索一些领域。做自己喜欢的擅长的事。

（2）退路很重要，光有勇气没有用。

起步的时候，基本上不会犯什么严重的错误。但是如果中途觉得不对劲、不认同，要懂得尽快调整步伐。一旦沉沦下去，公司的负面名誉、团队的负面名誉，就会转移到自己的身上承受。

要想别人尊重我们，在做任何选择的时候，要懂得给自己、给对方留后路。因为未来无论做哪一行，都是携手共进的团队作业。不能因为自己每天早上打一管鸡血、有摔得鼻青脸肿的勇气，就把整个团队拖下水、让接下去的那个人承受。

不要以为，网络时代，今天做的恶，明天翻一页就不见了。就算大家忙了一时不提起，“怨”会堆积。习惯作恶，到了某个引爆点，众叛亲离。

幸运是一点一滴“赢”来的。这个“赢”字，不是指单纯的胜利，而是“累积”的意思。

（3）盈利很重要，难的是建立口碑与信誉。

先决要素是走正途，把自己的位置摆正，运用正当的资源，并且一直雷打不动地做下去，所谓，熟能生巧。

所以，这又证明了第一点，做自己喜欢的擅长的事，非常重要。

亦舒教给我的事

我看亦舒小说的高峰期，是到美国后的中学、大学时代。每次倪匡、亦舒的新书一上市，我就会第一时间看完，然后带去学校借给几位华人同学传阅。那时候，亦舒小说几乎奠定了我对感情与人生的信念基础。

比如，理想男友是“家明”，专业人士，有幽默感，经济独立，爱护妇孺，喜爱户外运动，有古铜色肌肤，V 型背影，一定会说普通话，英文必须流畅，喜欢詹姆斯·达恩[①]，如果还可以用法文或意大利文说笑话，那是最好不过。他穿绑带的薄底皮鞋、白衬衫、卡其裤，冬天深色拉尔夫·劳伦西装，夏天细麻衬衫，戴薄的白金 Patek Philippe（百达翡丽）手表，跑车唯有 Alpha Romeo（阿尔法·罗密欧），Lotus（路特斯）莲花跑车也算勉强合格，其他都略显暴发户的腔调。

后来才知道不是这么一回事。那些个性塑造，只是一个表面看起来体面的男人的基本配备，跟是否“家明”没有关系，有没有缘分才是重点。至于穿着，太容易了。男人考究起来，这些都只是皮毛。

跑车倒是有话可说。古董 Alpha Romeo（阿尔法·罗密欧）的设计要多糟有多糟，修车行拥有的时间比车主多。可就是因为糟，保存下来的不多，如今当成宝。可是，这真的是我要的吗？ Lotus（路特斯）莲花跑车有趣，它的四缸跑得比人家六缸快，八缸比人家十二缸快，厉害是厉害，可一直就是半死不活。电影《风月俏佳人》一开始，男主角借来开的就是 Lotus（路特斯）跑车，车主其实是那个心术不正秃头的大肚腩律师。这就是开莲花的男生。

---

① 詹姆斯·迪恩：美国男演员，1999 年被美国电影学院评为“百年来 25 位最伟大的银幕传奇男星”之第 18 位。——编者注

琉璃世界
有過去的女人
流金歲月

亦舒笔下的女人，都是通透的。不但心清目明，还自带 X 光。她们大学读英国文学或者欧洲艺术史，爱吃文华的玫瑰果酱。女主角的名字尤其美丽，喜宝、玫瑰、香雪海、夏铭心、甄蔷色，都喜欢穿白衬衫。亦舒还在小说里借女主角的口吻教大家怎么卷袖子，扣子应该扣或开到第几粒。像许多时装杂志那样，亦舒赋予白衬衫至高无上的地位。可是，后来也知道一个女人不会因为穿白衬衫而变得有品位，把白衬衫穿得好看的女人也未必个个都是善类。只有白衬衫依然是一件白衬衫。

我渐渐悟出：文字描绘得再好，也不如自己穿着好。

后来再看到其他人独独把白衬衫捧得无边无际时，心中只有一个念头，这要不就是做白衬衫这行买卖的，要不就是实在见识不够多。

亦舒小说中的女主角，大部分住在一个地址为“落阳道一号”的地方。房间喜欢打通没有间隔，家具很少且全部是白色（真的就是如今网红们的家居标配），如果有墙纸的话大概是紫灰色的，傍晚的街道洒满金色夕阳（所以大门大概是朝西的喽）。夜未央，跳舞至窗外鱼肚泛白的时候，最好有 180 度面海的无敌景观。如果贫家女突然咸鱼翻身，她就会搬去一个地段高尚的中层公寓，通常名为“招云台”。渐渐就沦落为女二或三号，等到正牌女主角登场，“招云台”就变成了“招魂台”。

如果女主角出身殷实人家，房子应该是自己的积蓄购置或者父母留下来的产业。小小的平房，位于闹市里安静的半山区，很多树木围绕，只露出房子的一角，有隐秘的小小的私家路。附近的道路上开车的人，都是回家，而不是路过。以至日后我买房子的时候，脑海里就依照这样一个模式，直到买下来以后才知道是一条美丽的不归路。在住的方面，我和亦舒十分一致。

亦舒的很多金句，十分伶俐畅快。

比如：

“忍无可忍，重新再忍。”

“当一个男人不再爱他的女人，她哭闹是错，静默也是错，活着呼吸是错，死了都是错。”

“如果有人用钞票扔你，跪下来，一张张拾起，不要紧，与你温饱有关的时候，一点点自尊不算什么。”

“没有人会对你的快乐负责，不久你便会知道，快乐得自己寻找。”

“早点贪钱，贪到一个时候，可以收手不贪，不知多清高逍遥。相反，少壮时卖弄潇洒，老大时就得待在原地为米折腰。”

“真正有气质的淑女，从不炫耀她所拥有的一切，她不告诉人她读过什么书，去过什么地方，有多少件衣服，买过什么珠宝，因为她没有自卑感。”

这些话，早点知道是好的。

但是，这些话印在脑子太深，容易把世界推到对立面，把自己逼入死胡同，也未必太好。

如果所有对的话都给她说尽了，那我们的人生还有什么可说的呢？

所以，越到后来就越发现，还是要走自己的路、做自己的事、说自己的话、有自己的思想。

不知道为什么，我对《圆舞》印象很深。“人生是一场舞会，教会你最初舞步的人，未必能陪到散场。”这一类对缘分的无可奈何，自始至终贯穿亦舒的小说氛围。这对我日后的处世方式有比较大的影响，渐渐养成我习惯于抱着不强求的心态去认真做好一件事。过程比较轻松，少了对外的摩擦和对内的耗损，事情也往往比较容易圆满。

亦舒的短篇小说也很精彩。有一篇叫《邂逅》，曾经在《姐妹》杂志刊载。

伦敦读法律的女主角，在巴黎摩马特闲晃，认识了一名在艺术学院读书的男主角，得到一张很普通的素描。几乎像是电影《爱在黎明破晓时》那样，两人有说不完的话，在男主角的公寓聊到深夜。转天她潇洒地回了伦敦，继续学业。典型的亦舒女主角，一向很知道自己的首要责任。几个月后，男主角寄了一幅画给她，她写了一封长信。可是杳无音讯。时过境迁，女主角似乎是有点后悔，觉得当时应该回去找他，真正做个朋友，事情可能就不一样了。多年后她成为律师，嫁给了一名医生，那幅画挂在娘家原来的房间。像很多的夫妻一样，丈夫的事，妻子知道得很少，妻子的事，丈夫也不太知道，倒是相安无事，微笑着过日子。

人生没有如果，只有后果与结果。

现在的我，没有那么沉迷亦舒，或多或少会想，亦舒对缘分的无可奈何，很多时候是她的个人经历之坎坷，或者她自己的个性使然，或者说到底恐怕还是没有那么爱，或者爱在不对的时间，遇到不对的人……

至于我，十分享受谈恋爱的感觉，走到哪里都会惦记着对方，打从心底里笑口常开容光焕发，只要看到对方一切烦恼皆成空。然而，有时候明明互相倾慕，却阴错阳差。最身不由己之时，却又偏偏碰上，直让人深叹上天捉弄。渐渐看清，如果双方在恰巧合适的时机遇到，最不该纠结的就是“男追女”还是“女追男”。谁主动不重要，重要的是两人相知又相逢。

前不久，一位业界同行好友的婚礼上，新郎新娘分享恋爱过程。

新郎说：“我们两个的缘分，就是这么深。以前加班到深夜，走到停车场，常常会遇到她。清晨在楼下健身房，又看到她。总是钦佩她的容光焕发，聊起来，更发现有说不完的共同话题。”

新娘说：“其实，那时候，多少个夜晚，我主动负责越洋电话会议，只希望他加班后，能差不多时间一起下班。自从早晨在健身房遇到他一两次后，为了能天天相见，我决心不再赖床。”

正当好事的宾客们一片哗然，新郎继续说：“我深深爱上愿意倾听、关心我的她，认定她是我唯一想分享所有喜怒哀乐的人。”

新娘说：“这辈子，各种声音告诉我，应该等待那位对的先生出现。当他出现的时候，我知道对了，我不必再等。”

全场为之动容。

所有的邂逅，既有偶然的天意撮合，也有修炼自己、制造机会的情投意合。主动把“正桃花”撒播出去，才能把好姻缘吸引过来。

真的，别再像上个年代的女子，等待复等待。《欲望都市》有一集讲到行为艺术家玛丽娜·阿布拉莫维奇在切尔西区表演连续宅16天，每天24小时，不吃不语。女主角凯莉不屑地戏称：“周五晚上纽约城中焦虑等约的单身女子，都是这副样子。”

我当然明白，越是大家闺秀，越是放不下身段，把自己送上门去。亦舒的教诲更直白：“男生不打电话来，女生永远不要打电话过去。”

没错，女孩子懂得珍惜自己，总归是矜贵的。但是，你可曾知道日本经典漫画《一吻定情》（又名《恶作剧之吻》），据说是原创者多田薰老师倒追丈夫西川茂的故事。我最感动也最喜欢的是2013年重拍的版本，在原本“多田薰”痴心鲁莽的追求情节中，添加了“西川茂”也早已怦然心动爱上执着傻萌的她。不但令剧情发展更合乎逻辑，也仿佛是他对早逝的她，最真切的告白。

既然生命不能重来一次，爱情又何必计较谁追谁。

有个俏皮案例，发生在女星周迅演出的Chanel Chance香水微电影。电梯里，因为她身上散发的迷人香味，与年轻男孩刘畅邂逅。他忍不住走近一点再近一点，闻了又闻。还来不及搭讪，她的楼层到了。眼看着缘分就此擦肩而过，他在地上捡起一条她遗落的丝巾。当你以为故事发展到这里实在老掉牙的时候，他冲出电梯，发现她就在拐弯处等他。笑意盈盈地好像在说："对啊，你来不及主动，那我就帮你一把，让你主动喽。"

真是聪明又可爱的女孩，懂得把面子留给男生，实惠的里子留给自己。两全其美。

只要不投降，就有机会扳回来

我外公曾说："活着就是一场比赛。"可能根本没有"比"的心思，也没感觉在"比"，也不是跟时间"比"。而是，比赛中所谓的"终场号角没有吹响，这场比赛就还没有定输赢"。

即使过程中，各种的不可能、惨烈、处于下风，或者混乱无章法、遇到突发事件，或者天时地利又人和，好像稳赢不输，都不能掉以轻心。

一直赢的，下一秒可能就输了；一直输的，可能下一秒就赢了；随时变天。等到危急的时候再想抓住救命稻草，别人也自顾不暇。只有一路见招拆招，一旦甩手放弃，就是投降。比如，中国女排 2016 年奥运的赛况，在小组赛非常危险的情况下一分一分一局一局地扳回来，再度夺下奥运金牌。事后很多媒体追着教练郎平问"胜利策略"，她很朴素地说，"就是打好每一分。"

“投降”比“输”更惨。只要不投降，都还有机会扳回来，结束的哨声响起，再来定输赢也不迟。

新闻里说，北京夺得2022年冬季奥运会主办权，将成为历史上第一个举办过夏奥会与冬奥会的城市。回想起2008北京奥运会，我印象至深的一场比赛，是游泳运动员迈克尔·菲尔普斯向历史性“八枚金牌”迈进的4×100米自由泳接力赛。进入第四棒时，美国队大幅落后强敌法国队，对手偏偏是100米自由泳世界纪录保持者阿兰·伯纳德。眼看不可能逆转，现场所有转播员都预告着“美国队金牌梦碎”、“菲尔普斯八金无望”的赛况，队长贾森·莱扎克却在最后20米奇迹般地奋力追上，以0.08秒的优势夺得金牌。莱扎克被泳坛封为“实力派中的至尊”，这场赛事也被菲尔普斯的偶像伊恩·索普誉为“最伟大的竞赛”。

事实上，莱扎克曾代表美国游泳队在2000年悉尼与2004年雅典的4×100自由泳接力赛中与金牌失之交臂。对身为队长的他来说，率领美国队在2008年重登金牌宝座，“东山再起”的意义远胜于菲尔普斯个人的历史性“八金”。或许，正因为他输过，更激发了必须赢的念头与拼劲，当机会再次降临，才会赢得这么精彩。

更戏剧化的是，四年后的2012伦敦奥运会，法国队与美国队又在同样的4×100米自由泳接力赛重逢一争金银。两队分数咬得更紧，美国队只稍许领先，法国队却在第四棒以整整1秒的压倒性优势，超过美国队，夺下金牌，一雪前耻。精彩的是，2016里约奥运会，美国又把金牌赢了回来。

你瞧，虽然生命不能重来一次，但如果信念够强、战略够精、发挥极致，还是可以扭转乾坤，第二回合胜出也不晚。

“东山再起”的故事之所以迷人，因为它重燃希望的火苗，紧紧把握再一次的机会。

然而，现实生活中，也有很多时候的确是机不可失，失不再来的。

那么，更要懂得宽恕过去，但永不忘记，并且永远向前看。

随着时代不断变化，在人生选择更多的今天，不断地充实自己，如果等得到下一个涨潮，很自然冲上浪尖，等不到也能一路凌波微步，闯出另一番天地。

因为，过去不管如何，都已经过去了，重要的是把握现在和创造未来，拥有属于自己的“邂逅”。

右手钻戒

男：你是我见过最迷失的女人！

女：迷失？

男：对，就是你！你魂不附体，毫无自我，连最简单的鸡蛋，都不知道自己喜欢哪一种口味。与牧师男友在一起时，你喜欢吃炒蛋；跟那浑小子在一起时，你喜欢吃煎蛋；碰上这个教练，又喜欢水煮蛋。如今可好，“只要蛋白，谢谢”。你究竟知不知道你在做什么？你到底要什么？

女：我改主意，不行吗？

男：这不叫“改主意”。这叫“没主见”！

这是电影《落跑新娘》的片段，专栏作家理查·基尔一针见血地点穿三度落跑新娘朱莉娅·罗伯茨的问题症结。她像一条变色龙，尽力迎合不同男

伴的喜好，把自己塑造成他们的理想女伴。她的习性，围绕着男伴改变，却对自己一无所知。

所有的改变，要出于自愿才不会后悔。把希望寄托在他人身上，还不如自己把握。歌手碧昂斯有一首歌 *Me, Myself and I*：“当一切事过境迁，我还有我，Me, Myself and I，永不让自己失望。”最重要的是珍爱自己，才能懂得爱与被爱，找到自己，才有资格寻找另一半。成功了，笑眯眯理所当然；失败了，一样高姿态面对再重来，因为，我依然拥有我自己。

先不要怨自己不够完美，也不要怪对方叫人失望。因为“期望”本身，就是一个很诡异的玩意儿。它让你的人生充满生机，它又时不时地让你从云端坠地痛不欲生。两者之间，是什么？是寻找自我的旅程。摸索的过程，刺激有趣，打破偏见，更能腾出思想空间。

比如，量身定做的独特风格，并非高不可攀。你可以豪掷 10 万美金买 Dior 珠宝锦缎扮公主，也可以去小店裁一件 700 元人民币的改良旗袍扮小家碧玉，艺术程度不可同日而语，但慢慢琢磨的心思是异曲同工的。花 2 个月，往返巴黎 Jean Patou（让・巴杜）工作室，用 400 欧元换取在瓶身印上芳名的约 30 毫升的独门香水，也可以在 Aveda 美容学院，花十几美金调配香精油。可以通过 DNA 研究脸上的营养需求，花 2 千美金，精制一瓶 50 毫升美容液，也可以种花弄草 DIY 私房养颜套餐。

至于“另一半”的身份，除了“丈夫”外，还可以是男友、情人、知己、拍档、舞伴、玩伴、室友等等。就像钻石戒指，不一定用来求婚，不一定由男伴送出，也不一定非戴在左手不可。所以，才会有女郎送给自己戴在右手的钻戒。这种做法越来越受到不同女性的拥护，也变相戳破“女性自己买钻石”不吉利的迷信。

全球最大的钻石矿业公司 De Beers（戴比尔斯），在深入人心的“钻石恒久远，一颗永流传”的经典广告基础上，推出了“右手戒指”系列广告，充满后现代浪漫色彩。“你的左手是你的心，你的右手是你的声音。你的左手知道答案，你的右手懂得发问。你的左手是理性的，你的右手是疯狂的。你的左手做该做的，你的右手做喜欢做的。你的左手给你支持，你的右手给你惊喜。左手是我们，右手是我。全世界女人们，举起右手。”

这样忠于自我，是否是女性解放运动的象征？并不一定。经济独立，思想也得跟上。与其让左手被动地等待，甚至威逼利诱，自尊扫地，尚且不能确保是否称心如意，不如把幸福交给右手自己盘算，掌控款式、克拉价值，选择特定的时间气氛，奖励自己，宠爱自己。

求婚那一枚，心意为重，千篇一律的6爪单粒，再不起眼，也得扮欣喜若狂，惊叹一声“好美”。可是，坦白讲，选钻戒这回事，女人明显比男人更有胆识。Chrome Hearts（克罗心）的细纹镂花白金指环镶数粒小扁钻，让人爱不释手。享誉全球超过百年的超级珠宝品牌 Harry Winston D 色 5 克拉以上，则非得玫瑰切割旧钻，才够含蓄深邃。谁规定卡地亚 LOVE 系列戒指只能是定情物，只能戴在左手？三粒碎钻版本明明戴右手也很美嘛。有年秋天出差纽约，工作顺利完成后逛蒂芙尼珠宝店，等朋友开完会一起晚餐庆祝，巧遇一枚镶面很美、花式很精致的黄钻，小小的单粒，罕见的娇艳浓烈色泽，围着两圈白钻，价钱也很合意。可遇不可求的缘分，何必等男伴来买，自己送给自己本来就很应该。

别管左手还是右手，也别管有情人在眼前还是天边。我拥有我和我自己，习惯先做自己的情人，习惯梦幻自行供应，习惯心满意足。如果有人爱上这样的你，就当蛋糕上的奶油糖霜，是附加奖品，从容地分享喜悦。我，也还依然是我。

自知之明，是深藏不露的自信

香奈儿的高级定制巧夺天工，除了那十几家知名的“工艺坊”Lesage 刺绣坊、Lemarie 羽饰坊、Massaro 鞋履坊、Michel 制帽坊，Desrues 配饰珠宝坊等等，还有一道鲜为人知的“辫线”织艺，主要用于经典花呢套装的绲边。

2005 年，香奈儿公司曾在全球旗舰店开展手工艺巡演。其中包括掌握“辫线”独门绝学的是老婆婆 Raymonde Pouzieux。那年她 75 岁，与香奈儿时装屋已合作了整整 60 年。十分有脾气的她，平时住在车程一个半小时外的巴黎郊区 Les Metaririo 养马种草，只在农场收成后，才接香奈儿时装屋的辫线活儿，连艺术总监卡尔·拉格斐也得迁就她的时间。

她自嘲辫线工序“枯燥乏味”，先从指定的花呢中（通常就是那件套装的面料），抽出颜色分布恰好的线，然后用她发明的古老织车编成一条条“辫子”。而“辫子”的花色要刚巧吻合面料图案的节奏，这才算完美。明明来自同一块花呢面料，为什么偏偏要选这根线？为什么要这 2 根排前那 3 根排后？一拉一放的松紧，有没有规律？可可·香奈儿曾派来三批学徒拜师学艺，却没有一个能参透其中的难言美学。

当时采访的时尚媒体以及香奈儿时装屋都有点焦虑，因为眼看这门“辫线”工艺就要失传。老婆婆并不以为然，反而说：“没有什么是不可取代的。”看尽时装界的潮起潮落，她习惯置身世外，也总结出一番哲学：“人要有自知之明。目光远大没什么不好。可是我觉得，自己节制一点，量力而为，如果非常喜欢，想要继续，才有空间。”2012 年，Raymonde Pouzieux 婆婆辞世。香奈儿花呢套装依然有不同模样的辫线绲边。“不同”正是服装的常态，老婆婆大概是这个意思吧。

吃青春饭的模特界，后浪推前浪。“首席超模”的宝座，是要等被别人挤下台，还是自己退位让贤？

西方有一句话：“不要做最后一个离开派对的人。”意思是说，在最红的时刻急流勇退，那抹光辉永不褪色。比如，日本女星山口百惠，就这么决绝地在事业最高峰隐退，堪称榜样。

大部分隐退的人，之后无论是转行还是复出，也都能赢得不错的掌声。

曾豪言“没有一万美金不起床”的 80 年代超模琳达·伊万杰琳，在事业高峰宣布退休，如今，偶尔客串，被业界奉为上宾。“维多利亚的秘密”内衣秀女郎泰拉·班克斯，3 年前正式告别 T 台，在“传媒教母”奥普拉·温弗莉钦点下，投身主持清谈节目，晋身《福布斯》杂志“最有影响力名人榜”。

也不得不佩服凯特·摩丝的胸襟与气魄。红了二十多个年头的她，前些年受吸毒丑闻影响，她思量与其等待被后浪推上沙滩，不如趁自己的品位仍获肯定时，亲手栽培接班人。一眼看中与前男友皮特·多赫提合作歌曲 *La Belle et la Bete* 的艾瑞娜·拉萨雷努。于是她在自己客座编辑的

那期巴黎版 *VOGUE* 杂志中将艾瑞娜钦点为“时尚界独一无二的女孩”，力捧她参加各大时装秀，推荐给卡尔·拉格斐，助她当上 2007 年 Chanel-Monte Carlo 系列代言人。另一边，又伙同名人第二代热闹代言巴宝莉，乐当好友的伯乐。

奇是奇在，艾瑞娜如今也陆续被弗莱娅·贝阿·埃里克森等新人赶上，而凯特·摩丝依然是凯特·摩丝，有她不可动摇的江湖地位。

事实上，自知之明，是深藏不露的自信。而挂在嘴上的自信，既误导，又尴尬。

记得某次长途飞行，遇上一位意气风发的邻座，爱以“身为成功女性……”为开场白，滔滔不绝。我忍不住，十分搞笑地拉起遮光板，万尺高空，阳光透窗而入。同事很有默契地回头扮恍然大悟状：“哦，光天化日啊。”

我好奇，入境单的“职业”一栏，她是否会填“成功女性”？

爱情路上有没有 GPS？

这是一桩真人真事。

女郎在商务场合，认识一位男士。两人都是第二代移民，受美式教育，背景相仿。因为大学未毕业已经有了很好的工作机会，工作顺利，两人分别在二十五六岁时，就已经是收入颇丰厚的主管级职员。

开始交往后，某一天，看到一则信用卡转债广告，男士笑说：“现代人哪有不欠债的。”

女郎笑着拍拍自己的香奈儿手袋："这，可是付清的。"她接着问："你卡债多少？"

男士举起两根手指晃一晃。

"两千？"

男士摇头。

"两万？"

男士笑笑。

女郎继续问："学生贷款？"

"不，两年前我给前任女友一张附属卡，结果她拿去买车。"

女郎开始忐忑。这年头，对女友大方的男生，已经很少见了。这也算是优点。但，换一个角度想，这位男士处事未免太过草率。这就是缺点。

于是，她就当这是一桩离奇传闻，继续追问下去。男士也很坦白："她是一个脱衣舞娘。"

一刹那，女郎有种在戏剧里才会发生的震惊感，却依然说："果真是个尤物。"

女郎脑袋里像是翻开了连续剧脚本：男士是"表面看起来很体面"的专业人才，外表、家境、收入、学识，均无懈可击。可是，为什么他如此令人觉得不妥？两万债款，说小不小，但是以他的收入，不到半年，就可以还清。为何拖了两年？如果，尚与前任有金钱纠纷，这浑水可不好蹚。如果，花钱不能量入为出，不算美德。脱衣舞娘，是许多男人的性幻想对象，也是一份职业，有求才有供，往夜店消遣，不足为奇。可是，口味特殊的男人，品位大概也很特殊，女郎自认吃不消。随之，警报声在耳边嗡嗡作响：他是否染有暗疾？

爱情小说的情节，才子佳人会排除万难，幸福直到永远。

现实生活中，女人从此疏远了那位男人。毕竟交往未深，惆怅一会儿，也就恢复元气。

大多数人，未必那么幸运。个人隐私，不可能一见面就和盘托出，总要到倾情投入恋爱时，才浮出水面，叫人错愕。

真爱是包容，相处是妥协？若那么单纯，你我早成天使。

这已不是父母之命媒妁之言的相亲岁月，真正的真相，全靠自己去发掘。你们之间的缘分是一杯佳酿，抑或苦酒，都留待自己去品尝。

说到这里，我不禁要说：开车，有 GPS（全球定位系统）导航；买衫，有品牌信誉；化妆品，有 FDA（食品药品监督管理局）合格检验。一路上，仍少不了试错，累积起来，称之经验。但是，人生路上寻找伴侣，没有秘籍。这种经验多，可不是件值得炫耀的事。爱得再深，也不能保证美满幸福。

究竟，爱情路上，有没有指路明灯？如何才知道，你了解这个人？

曾有前辈教我，凭学历、谈吐、处事、习惯、长相，识别品性。又说，信教的，不会变坏；懂艺术的，有修养，气质高尚；有一技之长的，可以托付终身。私下里，少女们爱玩塔罗牌、看星座、算紫微斗数，甚至上网搜索蛛丝马迹。可是，仍然会看走眼。

我打趣说，寻找伴侣的男女双方，应当随身携带四大证明：单身证明、无犯罪记录证明、健康报告和信用审核，至少验明真身，有基础保障。

坦白说，现代女郎大部分是小康之家的幸福女儿，没有人挖空心思在爱情路上淘金。什么绩优股、高富帅，不过是说笑而已。把对方背景搞清楚，只是想省却不必要的麻烦。

或许，多年以后，人类额头上镶有晶片，这些基本资料，无须验证也无法伪造，都能通过脑电波即时传送。男男女女搭通天地线，在空气中接收到“心电感应讯号”，只管安心谈恋爱论婚嫁。

然而，在科技达到预期之前，年复一年，生活和爱情都得继续。那么过程中，你是否快乐？他能否逗得你绽放如花笑靥？他宽阔的胸膛肯否担当？与他在一起你的面孔是否清新如常、容光焕发？总之，女人，请爱惜你自己。

但愿没有不堪的真相。如果有，希望各自机智地解决后，再继续交往。对自己负责，也对别人尊重。

灰姑娘的单纯，不简单

《灰姑娘》的童话故事，大家都耳熟能详。但是随着时代的变化，多多少少会有不同的演绎。我也因为在不同年龄看这个故事，有不同的感触。

小时候看灰姑娘，注意力都放在灰姑娘与王子，还有那些漂亮的舞衣、水晶鞋、南瓜马车、宫殿、城堡……

可是，后妈为什么虐待她？她究竟受了什么委屈？仙母为什么帮她？王子哪里来的？为什么她会与王子相遇？王子为什么只对她一见钟情？她怎么嫁入皇室的？后妈和她的两个女儿后来去哪儿了？

太多的问题是随着年龄的增长，才慢慢懂得问。2015年迪士尼公司重拍《灰姑娘》，随着剧情铺陈，有一些逻辑，才慢慢展开。

这不是一部只给小孩看的童话故事。还是一部大人也值得看的童话故事。

而且，童话故事里的故事，都很真。

世上没有平白无故的爱，也没有平白无故的恨，更没有从天而降助人为乐的仙母。没有无心插柳柳成荫。没有漫不经心的一步登天。成败在于过程中的“姿态”。后妈与她两个女儿哭天抢地，贪得无厌，而灰姑娘节制低调，默默努力。

灰姑娘从小训练有素，在美好生活中学会了淡定从容，于是在逆境中，她泰然自若，没有远大的目标，只想把自己的小日子过好。在她的眼里，帮她的是朋友，不帮她的也是朋友，害她的更是朋友。她从不口出恶言，就算哭丧着脸，依然笑意盈盈。所以，她吸引了仙母帮她变身，小老鼠们愿意帮她开窗。因为，跟她在一起，就算是住阁楼、在街头淋成落汤鸡，世界都是美好的。

后妈在逆势里求生存，竭尽全力培养两个女儿，争强好胜，锋芒毕露，要头衔、要荣华富贵、要出人头地，不断地要、要、要……在她们眼中，阻碍她们的是敌人，躲着她们的是敌人，帮她们的依旧是敌人。后妈的心肠其实并没有想象中那么恶毒，只是她有自卑感，她有生活压力，有太多算计，她小心眼，凡事记恨在心，容不下异己。

她盘算着，只要两个女儿有一个中了花魁，她就可以安享天年，晋升皇太后。可这两个女儿却成了竞争对手，自己不成器，还终日打闹纷争。所以，摆在眼前的好事被忽略了，仙母和小动物们也躲着她们，万事俱备仍旧缺了临门一脚，败下阵来。

把灰姑娘这个角色抽出来看，其实就是这么单纯。但是，灰姑娘的故事，不简单。

灰姑娘的妈妈得了急病，知道自己时日无多，来不及一样样教导女儿。于是，临终前，跟灰姑娘说了两个“大方向”：勇敢，善良。直白的解释就是:

嘴要甜，心要勇；与人为善，意志坚决。这位妈妈真是教得好。以柔克刚，所以笑到最后的是灰姑娘。

小时候觉得，扭转灰姑娘命运的是“仙母”。遇到明知不可为却十分想要的时候，就会说上一句：“我的仙母在哪？”好像仙母真的会听到，会来助我一臂之力。其实，仙母只是帮灰姑娘做到了超能力部分，关键时刻仙母却会坏大事。因为时间一到超能力失效，立刻穿帮。所以，成事在天，最后谋事还是靠灰姑娘自己。

小时候觉得，后妈的那两个女儿是灰姑娘的绊脚石。这么笨，还阻着路，踢都踢不走。其实，她们两个互相之间聒噪不休纷争不断，无形中倒是帮了灰姑娘的大忙，为她赢得很多的同情分。

小时候觉得，后妈真是恶毒。放眼所有的主旋律价值观小说里，后妈永远恶名昭彰。其实，表面强势的人，也不过就凶在脸上，闯在前头把恶人都做尽了，反而把灰姑娘衬托得光芒万丈。

至于灰姑娘，她出现在王子想要定下终身的时候，国王临终前也把一切都看开了，电影从头到尾都没有母后这个角色。加上仙母的超能力，灰姑娘看起来什么都有，纵使她什么都没有。事实上，她的前路没有荆棘，她的终点没有深渊。因为这些“没有”，她拥有的比很多人有的还多。

灰姑娘真正要做的，就是穿上那双水晶鞋。然后，一切，就是这么刚刚好地水到渠成。

像不像职场？像不像恋爱？

最后爬得高的，嫁给王子的，都是一开始最不起眼最不可能的那一位。当大家争得你死我活的时候，她嘴巴甜甜广结善缘，看似什么都无所求。等到江山打下来了，劲敌都知难而退的时候，争强好胜的“出头鸟”把大家都得罪光了，自己也搞得遍体鳞伤。那个嘴巴甜甜广结善缘什么战绩都没有的平凡姑娘，扮猪吃老虎，渔翁得利。

但是，她真的什么都没做吗？不，她做了很多。别人打江山、除异己的时候，她在做人缘。谁说人缘不是资产？一呼百应，靠的就是人缘。

于是，灰姑娘成了广泛定位的赢家。

她赢在：缘分天注定加爱拼才会赢。

不甘心，是吗？

那么，以后在办公室被虐的时候，就想想灰姑娘的“要勇敢，与人为善”。（当然，像后妈般天天叫苦叫累，像那两个异父异母的姐妹那样叽叽喳喳的，也照样可以幻想自己是灰姑娘，做做公主梦，发发公主病。）

这个版本，大概是我见过着墨于后妈戏份最重的一部。凯特·布兰切特饰演的后妈，非常抢戏。她并不是一开始就视灰姑娘为眼中钉的。

电影里有两场戏，解释了她的转变。一场，楼下宾客满堂，她却听到灰姑娘和她爸爸躲在楼上思念着已故的妈妈。另一场，她跟灰姑娘坦白“第一次，我为爱而嫁”，可是先生早逝，她自己的童话故事结束，她需要生存。“这一次，我为我女儿们再嫁”，嫁给灰姑娘的爸爸。

如果，真要说后妈恶毒，这个后妈，是恶毒中尚存仁厚的那一类。

当她知道灰姑娘是王子在舞会上遇到的神秘女郎后，一开始仍想跟灰姑娘合作，让灰姑娘如愿嫁给王子，她的两位女儿嫁给王公贵族，她自己弄个类似“太后”的职位当当。但是，灰姑娘坚决不从。因此，后妈把灰姑娘关了起来。但后妈没有像一般后宫争斗戏里的王后，将她斩草除根。

最后，你们也知道，大赢家灰姑娘与王子在一起，很大方地对后妈说“我宽恕你”。但从仙母的旁白听出，后妈被驱逐出境，永远不准回来。

妈妈临终前交代灰姑娘的“have courage”——在这里就是有勇气，又够决绝。因为对敌人仁慈，就是对自己残忍。

童话故事由迪士尼电影公司来拍摄真人版，一向十分好看。不只是因为迪士尼公司造梦从不小气，花上亿元大大方方造个城堡。还有，你瞧片中灰姑娘落魄时待的那个阁楼，竟然有篮球场那么大，还有无敌天窗和巨大的彩色钢花玻璃窗。迪士尼要告诉我们：童话故事未必是真的，但童话故事里，也有最现实的人生。

我们是女人，不用附加形容词

写专栏十多年快二十年了，喜欢的东西来来去去，想法也不断变化。庆幸的是，回望时并没有令自己觉得羞愧的观念与言辞。

成长的路上，我时常思考不同阶段“女人”所扮演的角色，也常被问到女人与心态、时代、输赢、平衡之类的人生话题。

如果说，我有什么所谓秘诀，可以一直（至少看起来）兵来将挡、水来土掩、四两拨千斤、手到擒来、云淡风轻，大概是因为很早已经把女人这个属于自己的核心观念厘清，不用附加的形容词来证明自己的女人角色。

许多年前，一位资深总监在她的退休欢送会上，以成功女人身份勉励后辈。先是祭出跑车、华服、名鞋、钻饰，然后加一句：“不用羡慕我的成功，努力工作，出人头地，日后你也可以快乐富足。”

同事一场的众人听罢，互相眨眼，暗笑着心照不宣：明明是字字珠玑，为什么连成一句，却是如此前因不搭后果的落后观念？

还在坚持以“女人出人头地”为人生目标的，大概从来都不知道女人出人头地后到底想干吗。经济独立？受人尊重？男女平等？这些，其实已是现成的，不管我们是否愿意，只要接受，就等于拥有。

平等上课，平等受薪，初中高中后可以选择大学或者技术学校，毕业后人人自主找工作，做梦都没想过以嫁人为毕业礼物。一路上，也没人妄想把我们关进厨房不准出来。更没学过怎么向男人要零用钱、藏私房钱。

经济独立，是理所当然。好处并不在于尽情消费、拿着几万元的手袋招摇过市，也不表示女性在两性关系上可以气势汹汹。只是各自付清账单后，你有你的社会身份，我有我的生命角色，爱情往往比较容易纯粹。

努力工作，不是为了出人头地，而是已成为呼吸般的生存本能。让我们面对工作压力时，被复杂的人事斗争折磨得喘不过气来时，还能忠于职守，并在逆境中，积极寻找转机。

我们美丽人生的逻辑，亦不该局限在“我成功，所以我快乐”，而更可以扩大到“我舒适，所以我自在”“我喜欢，所以我追求”“我愿意，所以我满足”。于是我们很自然地把成功与否摆在次要，来谈谈各人兴趣爱好，发掘生活乐趣，才不至于碰到挫折就自怨自艾地钻牛角尖。

工作选择，不是两性问题，而是生活基本，所以不用提升到“男女平等”的高度。

美国总统候选人希拉里・克林顿女士，在 2008 年第一次参选时把“女人当自强”挂在嘴上，民意调查却发现 35 岁以下的女性选民，对此似乎无动于衷。这一次 2016 年竞选，她不再把“女人”当议题，大家反而更注重她的政见立论。总统是男是女无所谓，关键要看政纲是否赢得民心。这跟长得是否漂亮、服装是否名牌，也没有太大关系。当年法国罗亚尔女士的落选，就是最好的证明。

事实上，我们羡慕的、向往的，正是努力工作之余还能有大把闲散好时光。不需要退休才能拥有，但真的只有退休后，才能事不关己笑看风云。到那时候，别人的尊重，只是锦上添花。

不过，也难怪我们这一代，被长辈骂奢侈、叹无用，竟然会省吃俭用，把皮鞋、Hermes 手袋、香奈儿套装当作奋斗目标！

可是，长辈们，请明白，我们经历过的灾难实在不多。女性权利与生俱来，我们是安乐的一代，是“小康之家”的幸福女儿。

所以，我们没有自卑感。所以，我们的志向并不远大。所以，我们不需要自卑地称别人“女强人”，也不需要投机取巧地自称“弱女子”。大女人、小女人，也无非都是惹人笑的称谓。我们是女人，不用附加形容词。

人生除了“开心就好”，还有其他

“开心就好”，像一句万金油。

家长面对外界询问对下一代的期待时，标准回答就是“开心就好”。在为了给一些明知不可为但欲望驱使下想做的事一个正大光明的理由时，会说“开心就好”。朋友举棋不定，我们不知道说什么的时候，说句“开心就好”一定没错。大道理诸如：愁眉苦脸地做事，不如开开心心地做事，也是基于“开心就好”。似乎，万般皆下品，唯有“开心”才是正确的、高尚的。

于是，一发生问题，我们先往好处想，即所谓“乐观”，想方设法地开心、开心、开心……

然后呢，问题依旧存在。

父母还是有期待，而且期待越来越高。不可为的事，做下去，就是一条不归路。纠结的，还是会继续纠结。

“开心”只是暂时用绷带遮着枪伤，子弹还在里头呢。就像鸡汤文化，偶尔喝喝蛮舒服，治不了病；喝多了还会恶心，病还是病。

但是，“开心”至少让问题缓和一下，喘口气，想想接下去怎么走。有时候，“开心”可以掌控全场，撑过一关是一关。

医学界还真的发明了这种“开心药丸”，一粒下去，欢声笑语。有次以临时编辑身份替一本超级大刊盯现场。被拍摄的那位，恶名在外。每一个摄影师、化妆师、造型师都怕。我心里一直做好准备，随时叫停不拍。我从安抚，到解决，到敷衍，到假笑堆满面孔……当我已经在着手启动计划 B 的时候，被拍摄的那位，突然在换装时，吞了一粒“开心药丸”。再上场的时候，简直像变了一个人，什么都好，见谁都笑。嘻嘻哈哈地拍完了。

但是，一觉睡醒，她反悔了。要推翻第一天的拍摄内容，第二天的内容她不准备拍了。这时候再用“开心就好”，就很可笑了。“开心”非但不管用，还万万用不得。真的只能拿出我正职强项，像谈判商业契约那样，冷静沉着地老练周旋。

所以说，“开心”只是表面文章，内心戏才见真章。

2015 年迪士尼与皮克斯动画合作推出年度大戏《头脑特工队》，好似呼应 20 世纪 90 年代的同名系列闲书。

它应验了我那句，人生不只是“开心就好”，还有其他重要的东西。

剧中少女莱利跟随父母搬到旧金山，爸爸随大流“创业”，可是融资出了些问题，根据这条线索展开主角的内心戏。电影讲述人类 5 大情绪的化身：乐乐（快乐）、忧忧（忧伤）、厌厌（厌恶）、怕怕（害怕）和怒怒（愤怒）之间的故事。

少女莱利的内心戏由乐乐主导。我想除了小孩子天性是快乐的之外，也有当代凡事“开心就好”的意识流之潜移默化。于是，莱利兴奋地搬到新家后，虽然发现居住环境变差、新学校新同学们有点难适应，但出于体谅大人的处境，不想增加大人烦恼，一直用快乐掩饰自己的其他情绪。

乐乐不允许其他情绪碰大脑掌控台，尤其是把忧忧限制在一个小圈内，让她读无聊的工具书打发时间。乐乐珍藏着人生中的快乐时光，维护一个个快乐岛屿，强打“快乐”价值观。一旦发觉波动，乐乐就启动记忆体里的“快乐档案”，就是凡事往好处想、想想他人的好、知足常乐等等“鸡汤理论”。

可是，“开心”撑得了一时，撑不了一世。

问题并没有解决，反而日积月累。问题一个堆一个，令乐乐疲于奔命。等到问题越堆越多，大爆发的时候，乐乐已经应付不了，却还不让其他情绪插手，自己跌入深渊。这时候，幸好乐乐还拽着个认路的忧忧。

当乐乐完全失去掌控权的时候：是忧忧记着工具书里另一条回控制台的路线；是厌厌把莱利的内心戏推上台面；是怒怒充分发泄，将矛盾升温，也炸开了突破口；是怕怕阻止了莱利、用噩梦把她惊醒，好让载着乐乐和忧忧的列车尽快归位。最温柔最关键的还是忧忧，是她带来了莱利的哭泣，让一家人团聚在一起，互相倾吐了满腹委屈与万般不舍。他们这才真正开始正视问题的存在，着手解决它。

开心，原是一个维持日常运转的常态。可是危机时刻，开心是解决不了问题的。反而是悲伤让人们团结在一起。就像中国著名的喜剧小品演员陈佩斯先生曾经说的，“悲剧有凝聚力”。喜剧为什么好笑，是因为喜剧人物不断地折磨自己，让观众觉得好笑的同时，也感同身受。

但是，忧忧也不可能独自力挽狂澜。人类各种情绪都有自己存在的力量，就像所有伟大的事业都不是一个人完成的。

随着年龄的增长，人生会有更多的问题需要解决，真正让我们“开心”的瞬间越来越少。“开心”越来越只是表面的常态，掌控内心的是“开心”以外的其他情绪。

比如，《头脑特工队》中莱利的妈妈，内心是由忧忧掌控的。就像很多做母亲的，一定想得很多，操的心也多。凡事会做最坏的打算，有时候也会胡思乱想。必要时候来一些温柔的悲情攻势，特别管用。

再比如，莱利的爸爸，内心是由怒怒掌控的。这也很合逻辑。常见许多做爸爸的，简单粗暴地发一顿脾气，全家都安静了。也会为了保护妇孺，先把外人骂一通，出口气之后，再冷静下来检讨，共商大计。

记得我在看《头脑特工队》的时候，被乐乐从头到尾高昂的情绪、又自以为是的错误决定搞得神经紧绷，却一下子就迷上了胖嘟嘟傻乎乎的忧忧。看到一半的时候，一度还很担心，忧忧会被遗忘在记忆废墟。

我想，那个乐乐和忧忧演得起劲的当下，我的情绪是厌厌和怕怕这两个头脑特工在按控制台吧。

在高处，随波逐流

《欲望都市》剧集里有一幕，披上婚纱的女主角凯莉，抵达纽约公立图书馆婚礼现场，找不到“大先生”，心知大事不妙，急着打电话。友人递上一部刚刚问世的苹果手机，她瞥了一眼手机上的触屏，立刻扭头：“我不懂用这玩意儿。”原本悲情的局面，引来观众哄堂大笑。

表面上都在笑她落伍：二十几岁的，笑凯莉不可思议，因为换了是她们，会抢过来尖叫；三十几岁的，笑得有点嘲讽也有点凄凉，因为暗藏衡量的心态，无论是有闲钱供自己花还是早已奉献给小人儿，都有庆幸也有惆怅；四十几岁的，笑中带着自嘲，因为承认自己早踏入中年，不追新事物，理所当然，甚至很骄傲。

可是，身为时髦女郎模范的凯莉，怎么会落伍？

事实上，在导演迈克尔·帕特里克·金心目中，当年不肯用最新苹果手机的凯莉，代表了一群缅怀过去优越时光，不屑与时俱进的大都会人士。他们不光是凭发圈就断定对方是外省青年的纽约客，也是总嫌别人不够优雅不够正宗的巴黎人，还有宁肯守住浦西一间旧屋也不要浦东一套新房的老上海。难道，我们就是这样一步步地走向落伍？

女人爱以撒娇的口吻说“我不懂用电脑”“我不会发电邮”“我不懂上网缴水电费”，甚至称呼演示文稿软件 PowerPoint 为“图片”、Excel 为“表格”，用来暗示有助理、老公、男友代劳嘛。她们也爱宣称“我只穿黑白灰蓝”，筑起风格的铜墙铁壁，顺便否定其他一切。又或者心境过分眷恋某段旧时光，虽然肉体已发生变化，依然穿阔版长身西装外套、濑尿裤，戴 Frank Muller 数字排列颠三倒四的疯狂腕表等等那些年代感很明显的象征物。

可是，十几年前的精装文件，如今只能算草稿。即使是最简单的学生作业，也得图文并茂、音影齐全。如今不但要懂得使用社交媒体，还得略知后台技术语言，才不会有满脑子创意却在互联网技术面前踢到门板。往日的终点，已被今天的起点抛在脑后。更何况在时装世界里，万事皆可能。豹纹、铆钉可以很优雅，而小黑裙、芭蕾舞鞋、白衬衫一样会带来灾难。

时装界瞬息万变的残酷，也是推动潮流的轨迹。曾明争暗斗 40 载的伊夫・圣・洛朗与卡尔・拉格斐，前者缅怀过去美好时光，后者勤力与时并进，但却双双羡慕拉尔夫・劳伦在商业与文化之间游刃有余，全盘生意牢牢操控在自己的手中。

伊夫・圣・洛朗曾说："我不希望 40 年前的太落伍，也不希望 40 年后的太时髦。"这种中庸之道，恰恰是不断地吸纳与更新，比故步自封轻俏，比冲锋陷阵自在，更考验恒心，回报也更持久。

永远追逐流行与时髦，势必劳民伤财，且没有止境。但是有分寸地与之接触，可以让人维持学习新事物的能力，学会如何在高处逗留。

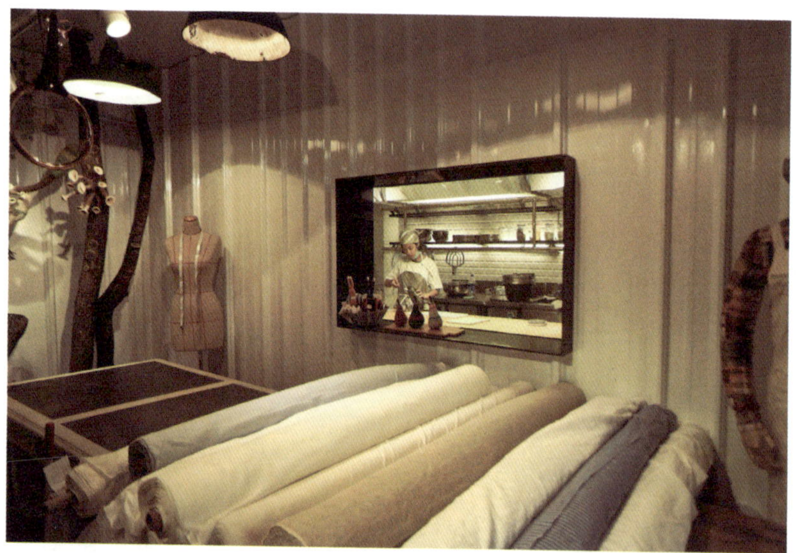

JUNK
genius
Stylish ways to repurpose
everyday objects, with
over 80 projects and ideas

第五章

不可辜负的每一天

百岁老人的养身之道：无为而治

2014 年 11 月的时候，分散在全球各地的亲朋好友陆续齐聚上海，庆祝外婆的百岁寿辰。意义非凡的是，那一年外公 104 岁了，依然思维敏捷、行动自如、耳聪目明、谈笑风生。眼见他们的健康状态比四年前更佳，除了感恩，也佩服外公的深谋远虑和外婆的平静豁达，一直安然面对突如其来的变化。

留在上海度晚年，并不是外公外婆的最初计划。十年前，他们想到老亲友们都年事已高，日后走动的机会越来越少，就花了半年时间从美国到中国探望，做一个正式的告别。在上海期间，外婆大腿骨折养了整整一年才恢复。外公觉得冥冥中自有天意，在不确定外婆是否可以恢复期间，联络亲朋好友开始安排生活琐事，包括确保医疗无忧，出行不烦，居住条件现代化，继续低糖低盐少油无葱蒜无辛辣饮食，并学会简单电脑收发邮件。再加上有知根知底靠得住的身边人，他们于是定心留下。

外公外婆的健康长寿引起许多朋友的羡慕与询问。近年空气污染、食品安全问题恶化，年轻人工作压力大，患癌症比例逐年上升。大家更好奇，难道这两位老人练就了百毒不侵金刚不坏之身？

经历中国三代朝政、看过无数生离死别的外公说："我的长寿秘诀，就是怕死。"听起来像个笑话。仔细想想，正是这个"怕死"而不是苟活，让他懂得该走的时候不可以留恋，留下来必须有足够的实力稳住；让他懂得占上风时要特别收敛，时不利我则更要平心静气地把日子过好；让他懂得广结善缘，不求回报更不投机；让他懂得婉言拒绝比积极进取更重要，不冒险才是人生最大的冒险。

坦白说，外公外婆的生活品质并非普罗大众可以轻松复制。肤浅地说，他们是“金钱和人缘可以买到安逸”的最佳实例。但，安逸，并不是无所作为，这背后的智慧与能力，是很深的奥秘。

外公外婆的健康习惯，倒是简单得人人可以养成。我把这些习惯，总结为“无为而治”。

跟法国人坐在路边咖啡馆放空不同，外公外婆的“无为而治”是一连串的琐碎习惯，保持至今。我从小看他们早上起来“喝仙汤”，舀一茶匙蜂蜜与蜂王浆，在一杯冷开水中调开喝下。除了补水滋养润喉，也早有实验证明蜂蜜与蜂王浆能愈合伤口杀菌抗老化，继续调养夜间修复后苏醒的身体器官。

外公外婆的生活习惯，我从小看到大，无论在国内还是国外，一直没有改变过。寻常日子的上午，外公看报，外婆读书。午睡后，外公运动，外婆准备甜汤点心。整个白天，两人最大的嗜好是聊天，把许许多多的往事颠过来倒过去地说，连我都倒背如流，我想这也是增进记忆吧。谢绝一切政府及机构来访的两人，亲朋间的社交电话比我还多。我发现他们爱聊天的最大益处是锻炼面部肌肉和肺活量。我最佩服他们把客套话说得如沐春风，语气技巧达到一种开朗豁达的境界。社交往来多了，也自然练就“真诚笑容”，那种左右平均的嘴角上扬角度，是一辈子最宝贵的优雅姿态。外公还有一本密密麻麻只有数字没有文字、每个月亲自抄写一遍的通讯录和银行账号誊本。他跟我解释得头头是道，我试验后发现真的一号不差，也难怪他的脑子至今不停机。

跟外婆的小盅小口甜汤点心类似，外公的锻炼可谓是花拳绣腿，他从不相信运动必须流汗。我记忆中什么拳什么操，他总是停留在“第一套”，从不挑战登峰造极。每天练一遍，是他的坚持。舒展筋骨保存体力的“动一动”，是他的养身之道。我为 104 岁的他还可以做“起立蹲下”，热烈鼓掌。

近年上海的 PM2.5 指数一度爆表（超过 600+），浓重的雾霾笼罩全城。最值得分享的是外公外婆对呼吸系统的保养。

依照我的观察，比较特别的是：

他们只在有太阳的晴朗日子里，上午开 10 分钟到半小时的窗。室内全年冷暖气不停，加上空气净化器的持续净化。就算气温最适宜的日子里，也坚持送微风，保持室内干爽。润喉补水，就靠各种“饮”。我最近几次秋冬到上海有亲身体会。下飞机吃晚餐荡马路后，感觉喉咙刺刺的又开始流鼻水，还以为被朋友传染。在调高暖气，喝雪梨汤和蜂蜜柠檬温水后，转天万幸安然无恙。

外公外婆家族都有长寿基因，他们很熟悉也很忌讳老年人身上的“老人味”。琢磨半辈子的结论是，除了清洁之外，清淡饮食，居家用香以少烟少灰为宗旨。换句话说，他们不点香烛、不焚线香，这样也尽可能地保持居室内较高的含氧度。

他们对容易沾灰的扩香、Potpourri 干燥百花香，也没啥好感。倒是一度喜欢白瓷散香环，滴一圈佛手柑香精，置于灯泡顶端。随着灯泡的温度升高炙热，释放出柔顺的香气。入冬的时候，圣诞松柏冷杉不做什么装饰，静静地摆在那里，满眼的绿意常青，散发着清幽香气，也很符合他们喜欢“无为而治”的意境。

从我的角度来解释“无为而治”，就是当有了一定的经验，努力养成一种习惯之后，渐渐会抱着不强求的心态去认真做好一件事。过程比较轻松，少了对外的摩擦和对内的耗损，事情也往往比较容易圆满。

古董骰子

从小家里有很多不知名的小东西，摆在一个玻璃柜子里。有些是大人们走过路过经历过看过带回来的，也有亲友们送的。随着年代的久远，最初的新奇感，也渐渐褪去，没有人再注意它们。我记得我小时候爱缠着外公、爷爷，讨一个来玩，有些玩着玩着就成了我的玩具。总之这些小玩意儿的存在，基本上，没有一点实用价值，很容易被如今“断舍离”的信徒们一股脑儿除之而后快。

然而，在如时钟嘀嗒匆匆而过、麻木不仁的日常循环中，正是它们的纪念意义，带来许多会心一笑的瞬间。

我家客厅放当月杂志的小茶几上，压着一个贝壳烟灰缸，里面盛着几枚古董骰子。

圆角的骰子，大概是 20 世纪 20 年代的。小时候在外公的扑克牌桌子里找到，记得那个时候有好多粒，玩过家家的时候，我把它们盛在小碗里请别人“吃”。

方角的骰子，来自香港九龙尖沙咀香格里拉酒店已经歇业的 Margaux 法国餐厅。那里因拥有绝美的维多利亚港湾景观驰名，是 20 世纪 80 年代中期到 90 年代初期我们如果在香港跨年相聚的地方。

那个年代，香港的过节氛围在我印象中，很特别。但凡家里有佣人、保姆、管家的，圣诞、元旦、春节这几个大日子他们也通通放假回各自的家。于是不少人家都喜欢在酒店订一桌，再订几间房间，吃完喝完就直接在酒店过夜，第二天起来吃了早餐再退房回家。时髦的年轻人，也呼朋唤友地聚在酒店。所以，像平安夜、除夕，很多比较知名的酒店餐厅，大桌子提前半年就订满了。

家里有长辈的，往往喜欢认准一家常去的酒店，年复一年就在那里过。我想，这也是令大家玩得尽兴，又能避免酒驾的好方法。

问题是，这一类的庆祝晚餐，往往极其冗长。从晚上 7 点吃到半夜 12 点、甚至 1 点是常有的事。那个年代，餐厅从来不赶客，尤其是熟客。

因为等餐时间非常久，加上又是节日，经理会送几套骰子给小朋友们玩。大人们会拿到一盒很长很长的火柴。那个年代上了年纪的香港男士，抽烟抽雪茄很多。

Margaux，十年前歇业，我们在那里吃了最后一餐。如果没有记错的话，好像就是 2005 年的夏天。

很妙的是，之后，我再也没有去过香港。

这些年，巴黎

2016 年 4 月跟旅法的设计师好友童文威小姐约在上海逛她位于新天地的 Shaoo Shadow 概念店的时候，问起她几时回巴黎。她叹一口气说："我们的巴黎，现在是战地。"

两人对视一秒，忍不住笑了起来。

是啊，巴黎遭遇恐怖袭击。祝大家平安之余，想到自己二十几年前去巴黎、十几年前去巴黎和最近几年去巴黎的感受。

高中时候学法文，就是为了去巴黎玩。后来以暑期实习生身份帮卢浮宫博物馆输入艺术作品的英文版资料，还得多谢美国 AT&T 公司和福特公司赞助的费用，好处是这辈子逛卢浮宫都免门票。二十几年前到巴黎，还是法郎年代。有长辈借了司机给我们用，可我们总是嫌司机只爱开往游客区。而那些时髦人口中所谓的"城中秘密"地方，司机坚决不去，也不让我们去。后来才明白，巴黎发展为游客区的，都算是设施周全、够安全的。

再后来，巴黎去多了，你问我，巴黎最漂亮的是什么？时装、香水、女人、艺术？

或许是。但，更或许，都不是。

巴黎，最漂亮的是"背景"。走上街头，随手用最廉价的纸盒照相机，无所谓对不对焦，就让发梢衣角，随风扬起。不管是协和广场、左岸，还是拉丁区，随处一站、一坐、一倚……在古意盎然细致雄伟的建筑、油画般苍茫的天际、树影绰绰的衬托下，任何光线都替人镀上一层淡淡光芒（或是微冷夕阳的金，或是苍白阴霾的银）。随便就能拍出"文艺小说女主角"的情绪来。这个瞬间，也就是意识流里的“巴黎女人”的气质，在影像中完美呈现。

现实生活里，巴黎贵为时装之都，巴黎女人视名牌为理所当然的生财工具。然而，眼看着企业财团式经营掀起的风云，巴黎时装已经不是当年低调世家奢华，巴黎女人心中的厌倦与不安，更令她们油然超脱。这中间所流露出来的不屑与冷淡，是刻意，多于高傲，却恰恰奠定了巴黎女人表面上的从容态度。以至于超级名牌和街坊货，在她们身上都只是一件被充分利用的扮靓道具。

当然，盛名之累，又背负民族意识，逼使巴黎女人随时追求完美生活，维持自信，往往“优雅”得让人喘不过气来。有本书叫《法国女人不会发胖》（*French Women Don't Get Fat*）。不，她们不是不会胖，而是不敢胖，也不敢丑。

旁观巴黎女人与男人的周旋是很有趣的事。在男人主导的巴黎社会里，情妇历史悠久且被公开接受。巴黎女人就必须视完美的打扮为生存工具，为吸引她们的男人打扮，为从情妇手中夺回男人而打扮。她们其实比任何女人，更离不开时装与美容。

约莫是 20 世纪 90 年代，某年深秋时节到巴黎，很精准地逛完康彭街的香奈儿总坛，接着走去定制内衣世家 Cadolle（卡多勒）时装屋。就在那次，老板娘教我：“巴黎女人与老公约会后，会特别早一步离开，赶回家中，梳洗补妆后，换上性感内衣，迎接老公。”那瞬间，我想起法国著名言情女作家科莱特曾写道：“一个女人如果经常享受按摩护理，就会彰显出高贵的身份；一个精于按摩手法的女孩，一定会留住男友的心。”真的是这样吗？这些年接触越多越深表怀疑。

比如有一年淡季在巴黎，入住 1200 欧元一晚起价的知名酒店，以服务全球著称。被通知午夜停热水，一早发现有热水，却停了冷水。第二天干

脆冷热水都停了。在我的坚持下被带去别处洗澡洗头。看着领班小姐面善心好，我很好奇地问她："巴黎常常发生这种事吗？难道酒店没有自己的备用水库？"轮到她好奇地问我："酒店为什么要有水库？"这个还需要解释的话，就说明没什么好说的了。见我沉默，她说："我家已经停水停了一个月了。"我再看看她油得像面条的头发，突然就恍然大悟为什么法国版 *VOGUE* 前主编卡琳·洛菲德永远顶着一头好几天没洗的"面条"发型。傍晚和一家精品名牌老板见面，他住在市中心，聊着聊着，才知道市政府为修水管把市中心热水停个两三天简直就是小意思，他家高级住宅区停热水一个月居然也一样没什么大不了，"又能怎么样呢？"他说。

所以说，真正让我佩服的是，在内心不安外界动荡的压抑下，巴黎女人所反映出来的着装姿态，仍然带有精致的美感，像文艺片《爱在日落黄昏》与《爱在黎明破晓前》的女主角朱莉·德尔佩，《除了向上爬我们别无选择》及《达·芬奇密码》中的奥黛丽·塔图，甚至绯闻不断的法国前总统尼古拉·萨科齐的前妻塞西莉亚。还有那些在巴黎待久了的外国女星也渐渐被"浸"出的"容忍艺术"，被世人理解为"气质"。

其实巴黎也不是现在才乱糟糟。只是随着年龄的长大，渐渐认识到巴黎女人低着头一路走一路抽烟，烟头往外的寻常晃荡；拿着一本薄诗集，牵着的小狗沿路大便，无动于衷的模样……这种习以为常的漫不经心，真的够"优雅"。

迷恋巴黎，是无条件的。或许，爱上巴黎就是需要这份修炼的忍耐吧。对环境的容忍、对政策的容忍、对外来者的容忍，也是一种艺术吧。

上海，上海

上海，对我来说，好像护照的首页，如影随形，画面在翻开与合拢之间，交叠出软糯的情绪。

我在上海出生。14 岁的时候，跟随家人移民美国。

我 14 岁以前在上海的生活范围，没有离开过徐汇区和卢湾区，那是爷爷奶奶和外公外婆先后住的地方。确切地说："我的上海"就是以陕西南路为轴心，从华山路、康平路，斜切经过复兴中路、永嘉路，到延安中路、茂名南路。沿着陕西南路，最北到过北京西路，最南到过肇嘉浜路、宛平南路。

小时候外公、爷爷与亲朋好友往来，都带着我。我一边带着几件玩具玩过家家，一边听大人们讨论着一些事情。听着听着，有些就成了不能说的秘密。谁与谁曾经住在哪里，哪里曾经历过什么样的变故，谁家的花园后来如何如何了，我至今还记得。以至长大后，看到一些看着我长大的公公婆婆，他们的名字，比如顾恺时先生等，出现在郑念的《上海生与死》书中，心沉得很深很深。因为，我知道，事情是多么的真实。

我的上海地图很不完全。但是，我对上海的感情，全部源自这个小小的范围。

离开上海以后，很长一段时间，家里保留着延安中路、陕西南路的旧居。中学时代，暑假从洛杉矶到上海探亲，一待就是十天半月。老房子周围是三层楼高的香樟树，挡得住暑热，潮意却依然潜入。挑高的屋顶转着咿呀的风扇，透过婆娑树影、老式钢窗格子、竹帘缝儿，四面洒进屋内的细碎阳光，伴着无休止的蝉声。喝绿豆百合薏仁汤，吃儿童艺术剧院对面的红榴村点心店每

天自制的菠萝冰霜。跟我小时候一模一样的日子，时光在这栋老房子里是凝固的。后来，我们不住了，也一直空着。老一辈人的做法是很奇怪的，自己住了大半辈子的老房子，即使不住了，家具也不动，拿几大块米色的厚身棉布罩着，每逢冬至和夏至前后去打扫一遍。尘封的记忆，最旖旎。

上海菜，是我最难以割舍的爱好。

想吃到“小时候的家常上海菜”，通常还是要在家里请保姆烧。奶奶亲手调教了一个非常厉害的厨师，烧得一手好菜，完全是小时候的滋味。虽然我吃来吃去就是咸水虾、醉鸡、腌笃鲜、清炒豆苗、清炒丝瓜、香菇冬笋、大闸蟹、糖醋小黄瓜、糖藕这些无聊得其实在美国也都吃得到的菜，可我就是特别怀念家里一道接着一道小盅小碟永无止境的吃饭聊天氛围，旁边配一小碗熬得白绵绵只见汤没有米粒的浓浓粥汤，最后以一道绿豆薏仁莲子甜汤收尾。如此最是完美。

但是，跟姐妹淘叙旧还是喜欢在外面找一处清静的地方，远离长辈们的视线。我喜欢到半浓和澄园，有精致的上海菜和美丽的环境。半浓在长乐路的一栋老房子里，做的素食很细巧清雅，茶点花样也很多，老板娘收藏了不少美妙的茶具，还有金宝、银宝和元宝三只妙不可言的驻店猫。澄园在一处老别墅内，坐在庭院里仿佛置身都市森林，耳边不时传来小鸟流水啾啾啾的声音和远处奇奇怪怪的广播，有一只悠闲的猫咪小白随意地走来走去。主人家很喜欢时令鲜花与应季蔬菜，只有一大桌和一小桌。老板通常会根据客人的口味配菜。只需提前说清楚，能同时满足不吃葱不吃蒜的我和口味比较多元化的朋友们，也不会觉得临时为难了厨师而不好意思。

然而，说到“海派文化”，其实我一直不太明白是什么意思。我只是看我爷爷奶奶外公外婆那个时代的斯文上海人家里不会把常穿的鞋子摊在玄关，

每家都有个玻璃大橱柜专门用来搜集不知道哪里来的小摆设，但是好像对唐三彩、干燥花之类的东西并不感兴趣。无论外面的复古风刮得多强劲，他们永远是同一套红木家具，大概是从他们的父母或祖父母传下来的，那些嵌螺钿的面，每一枚的光泽都美得生动，勾勒出一幅幅鸟语花香、栩栩如生的画面。可以想象，旧时人的生活是有多悠闲，才会挖空心思欣赏这些不实在只是好看又不会随着岁月流逝的工艺。

我想，他们的“海派文化”，大概就是生活中的很多仪式，渐渐变成了一种习惯，一种善待自己又不怠慢他人的妥帖，一种让自己过得轻松舒服的生活方式吧。

来自曾外祖母的礼物

小时候，生日好像是一年里最重要的日子。

要吃面（虽然很不喜欢吃面），要切生日蛋糕，还有礼物可以拿，有漂亮的卡片可以收，曾外祖母寄来的贺卡里还会夹着一张支票。

长大后，新的月历一到手，就先在自己的生日和亲朋好友的生日上画个大圈，之后很多行程或节目都会把这些日子考虑进去，然后造成很多“巧合”。大家也往往会比较乐意配合这类理由。

老人家们喜欢给红包。我的曾外祖母尤甚。

曾外祖父母有七个子女，全家成员自 20 世纪 60 年代至 80 年代中期，陆陆续续地从台北、香港、上海移居美国，开枝散叶。曾外祖母晚年长住东部的密歇根州，喜欢轮流到每个小辈家串门。她每到之处都热闹得不得了，往来的教会弟兄姊妹络绎不绝。小辈们特别喜欢这位对美食毫无节制、零食样样精通的老人家，缠在她身边必有好东西吃，所谓“分一杯羹”大概就是这个意思。她八九十高龄的时候，曾到我们家来小住过几次。她每天早上读圣经，做功课，在重要日子上用红笔打钩。画圈的日子，注明是哪个小辈的生日。她的卡地亚圣经夹套里，放着一本卡地亚支票簿，再用一根橡皮筋箍好，收在卡地亚手提包里。清一色紫红色加烫金随身物，搭配白金首饰，永远是一身旗袍。可能看习惯了，在我心目中永不过时。

她早上读圣经的同时检查接下来2周的日历，发现差不多该到哪个小辈生日了，就寄一张生日卡和一张支票过去。公平得很，不早不晚不多不少不论年纪，每人每年100美金。那个年代，对中学生来说不算小数目了。

毕业、结婚可以拿双份，还有圣诞过年也有支票，老人家大寿时也大派红包。外加女婿、媳妇、孙女婿、孙媳妇、外孙女婿、外孙媳妇，只要进了家门，统统有得收。人数非常可观。曾外祖母有次摊开那本卡地亚支票簿跟我开玩笑说：“你看，我的开销很大啊。”

不过，这些跟她奉献给主耶稣的相比，真是小巫见大巫，对后代的影响之庞大更是难以用金钱和金额衡量。

相比之下，我的虔诚，嘻嘻哈哈的成分多了点。记得我那时候读十一年级，考SAT（美国大学入学资格考试）申请大学，还有各种社团活动。每天早上临出门会变着花样跟曾外祖母说：“我要考试、演讲、比赛、活动……太婆要帮我祷告啊。”她乐得眉开眼笑。之后逢人就说，都是她祷告得力。

跟老人家相处就是这样。所谓隔代亲。他们特别愿意把最好的给小孩子，喜欢每一个，不亏待任何一个，更不会讨厌任何一个，因为在他们心目中“家和万事兴”。我也喜欢跟他们说说话撒撒娇。老人家年纪越大，也越好相处。一种看开了的好相处。只要身体健康，很容易活得开明又开朗。我想，这是曾外祖母带给我们最好的人生礼物。

亲爱的老保姆

小时候，大人逗孩子，喜欢问：“你长大后赚钱给谁用呢？”

“给阿婆用。”我答。

据说，每次这个答案一出，全家人哄堂大笑。

阿婆，是从小带大我的保姆。美国诗人威廉·罗斯·华莱士有句著名的诗句，“推摇篮的手，能推动全世界”，可见保姆的重要性。我是多么幸运，从我有记忆开始，就有阿婆。据说，她先是在爷爷奶奶家，我九个月大的时候开始跟外公外婆住，奶奶请她跟了过来，一直到她告老还乡。

“阿婆，你从哪里来？”我小时候对每个人从哪里来有着强烈的好奇心。

“千灯。”阿婆写给我看。

“一千盏灯的意思吗？”

“哈哈，对，一千盏灯。有一盏灯是阿婆的家。”

其实阿婆年纪不大。38 岁从昆山千灯来上海帮佣。做过一两户人家后，刚到我家时她才 40 多岁。外公外婆称呼她“慧娥”。妈妈和舅舅都随我叫她“阿婆”。后来知道，阿婆的孙子跟我同年。所以，论辈分，我们也没叫错。

听说，我很小很小的时候，阿婆曾出走过一次。短短几个礼拜，又回来了。有天晚上吃过晚饭，收拾停当，阿婆一边记账一边提起往事，我问她：“那你为什么要走啦？”她不答。我再问：“那你为什么又回来啦？”她答：“你比黄家小囡乖啊。”再过几年从外公那里得知，那时候帮佣分“走做”的钟点工和“长做”的住家佣。阿婆看到隔壁的长做佣人白天趁空闲时间又接了几份零散工，她也想多赚一点钱。可是外公外婆家规矩不准。她就回了以前的东家（碰巧是我外公的朋友家），两家互相一说，她又回来了，从此再没提过多接别处的工。后来舅妈说：“外公逐年给阿婆加薪，工资早就比大学毕业生还高。别人家哪有给佣人住单独一间房的。”但我还是一厢情愿地认为，阿婆回来是因为我比较乖。

从小家里的客人络绎不绝，外公只要说一声：“慧娥啊，添几副碗筷。”其他什么都不需要外婆操心，阿婆自会出去张罗荤素汤点，在吃饭时间摆出体面的一桌。时至今日，有位百岁邻居婆婆仍记忆犹新地跟我说：“你们家一直是阿婆当家。”

阿婆最自豪的是，乡间小学毕业的她能识字记账写家信。有次我的小学算数课教几斤几两，外公带我去看阿婆用秤验收刚从菜场买来的鱼。原来，同样一条鱼，那杆秤在手中怎么捏，重量就会不同。阿婆称了好几次，转身奔回菜场跟摊贩理论，要回被多收的几毛几分。

阿婆的工资从外公那儿领，买菜钱从外婆那里请款。偶尔账本对不上的时候，她先自掏腰包补上，哪天想起来了再跟外婆对账。

背井离乡帮佣的阿婆，把大部分的工资省下为家里添置日用。但是阿婆也让自己每天的生活过得小有滋味。我记得，她特别喜欢吃水蜜桃。旺季时，一买好几斤，趁午睡时间搬张竹椅，在院子的石台旁吃个爽快。如果被外公看见，阿婆一定没等他开口就笑眯眯地抢答："我自己的工钱买的，吃坏不怪你。"外公还是一边摇头一边念叨："哎哟，慧娥啊，小心吃伤肚子。"

阿婆口袋里总有一包话梅、橄榄、杏脯、桃板什么的江南蜜饯，手里忙着家务事的时候在嘴里含上一枚，好像就能加把劲。哪家做得最好吃，哪家刚进了新鲜货，阿婆都知道。她接我放学回家的路上，也常常买一包，新开封先赏我一枚，跟我说："我自己的工钱买的。"这些东西，都是外公外婆眼中"没营养、不干净的嚼口"。全家只有我从小爱吃这些零食，也是因为阿婆。

外公给阿婆每年放两次假，未必逢年过节，多少天也不固定。据说，交涉过程可以出一本《三十六计》。临走前，她一定给我们找好替工。回来第一件事就是伸手往门梁上一撩，随后摊给外公看："都是灰。"所以阿婆在我们家的地位几十年纹丝不动。

后来，乡下生活条件越来越好，阿婆干脆让家人趁寒暑假到上海来玩。外公也乐得阿婆不用回去。记得那时，阿婆的老公带着儿女以及孙子外孙们轮流来我家住过一阵。印象最深的，是跟我同岁的孙子，每天清晨起来在阳台上背课文，写得一手很漂亮的毛笔字。等我摊开作业簿才要开始写的时候，他已经全部做完欢天喜地地跟大人出去逛街了。总之，阿婆虽然常年不在家，儿女的学习都很出色，从事妥妥当当的教书和研究工作，下一代也教得十分斯文孝顺。

随着我家陆陆续续地移民美国，终于在 14 岁的暑假，轮到了我的离开。后来，阿婆告老还乡，由儿子接到苏州生活。不过只要外公一封信说，我哪年寒假或暑假会到上海过，阿婆立刻动身回来，做我最喜欢的家常小菜，天天换着花样炖汤汤水水。她儿子也明白，这已经不是当年的背井离乡也不全为了赚钱养家。

高中毕业那年，我用长辈们给的毕业礼金，包了个美金红包给阿婆。其实我早就忘了我小时候的承诺。倒是阿婆记得，笑不拢嘴地嚷嚷："真的赚钱给阿婆用啊，乖囡乖囡乖囡……"

"阿婆，我帮你办移民，到美国来跟我们住好吗？"我有点异想天开，口气好似美国移民局是我开的。

"阿婆走不动啦，阿婆的儿子女儿孙子外孙不让我走。"阿婆一直邀我去苏州和千灯玩，"现在很方便了，不用长途车转船又转车的。一下子就到了。"

有次回洛杉矶前，阿婆瞒着外公在我行李箱底层藏满大包小包的蜜饯。回到家，妈妈打开箱子，吓出一身冷汗，嘟囔着："你哦，小心被海关记黑名单！"

阿婆的日子，就是这样一点一滴的琐碎，带着最鲜活的市井味道。她可能从没想过什么叫"经济独立"，但是她很明白再迫不得已的工作也能娱人娱己。